Formelsammlung
Mathematik

Cornelsen

Zusammengestellt und erarbeitet von Dirk Köcher
unter Verwendung von Materialien des Cornelsen Verlages.

Beratung: Regina Hinz, Patrick Merz

Redaktion: Dr. Lutz Kasper

Grafik: Peter Hesse
Umschlaggestaltung: Sandra Spitzer
Layoutkonzept: Karlheinz Bergmann, Berlin
Technische Umsetzung: CMS, Würzburg

www.cornelsen.de

1. Auflage, 3. Druck 2010

© 2007 Cornelsen Verlag, Berlin

Druck: CS-Druck CornelsenStürtz, Berlin

ISBN 978-3-06-040102-4

 Inhalt gedruckt auf säurefreiem Papier aus nachhaltiger Forstwirtschaft.

Inhalt

Raum und Form

Chance und Risiko

Zahl und Größe

Mathematische Zeichen

+	plus	<	kleiner als	≙	entspricht	∡	Winkel
−	minus	>	größer als	√	Wurzel aus	∟	rechter Winkel (90°)
·	mal	≤	kleiner oder gleich	~	proportional, ähnlich	°	Grad
:	geteilt durch	≥	größer gleich (größer oder gleich)	⊥	rechtwinklig zu, senkrecht auf	$\overline{AB}$	Strecke mit den Endpunkten A und B
=	ist gleich	≠	ungleich	∥	parallel	△	Dreieck
≈	rund, annähernd	%	Prozent	‰	Promille	≅	kongruent

Römische Ziffern und Zahlen

I	1	V	5	X	10	L	50	C	100	D	500	M	1 000

1. Die Zahlzeichen werden von links nach rechts addiert.   MMVII = 1 000 + 1 000 + 5 + 2 = 2 007
2. Es dürfen nicht mehr als 3 gleiche Zahlzeichen nebeneinander stehen.   VIII = 8   CCCX = 310
3. Die Zeichen V, L und D kommen in einer Zahl nur einmal vor.
4. Steht links von einem größeren Zahlzeichen ein kleineres Zahlzeichen, so wird dies subtrahiert.   IV = 4

1	I	6	VI	11	XI	16	XVI	30	XXX	80	LXXX	400	CD
2	II	7	VII	12	XII	17	XVII	40	XL	90	XC	500	D
3	III	8	VIII	13	XIII	18	XVIII	50	L	100	C	1 000	M
4	IV	9	IX	14	XIV	19	XIX	60	LX	200	CC	1 500	MD
5	V	10	X	15	XV	20	XX	70	LXX	300	CCC	2 000	MM

Griechisches Alphabet

A	α	Alpha		I	ι	Jota		P	ϱ	Rho
B	β	Beta		K	$\varkappa$	Kappa		Σ	ς, σ	Sigma
Γ	γ	Gamma		Λ	λ	Lambda		T	τ	Tau
Δ	δ	Delta		M	μ	My		Y	υ	Ypsilon
E	ε	Epsilon		N	ν	Ny		Φ	φ	Phi
Z	ζ	Zeta		Ξ	ξ	Xi		X	χ	Chi
H	η	Eta		O	o	Omikron		Ψ	ψ	Psi
Θ	θ	Theta		Π	π	Pi		Ω	ω	Omega

Zahlenbereiche

Natürliche Zahlen	$\mathbb{N}$	Beschreibung: 0, 1, 2, 3, … Uneingeschränkt ausführbar: Addition, Mulitplikation
Ganze Zahlen	$\mathbb{Z}$ $\mathbb{N} \subset \mathbb{Z}$	Beschreibung: …, $-3, -2, -1, 0, 1, 2, 3, …$ Der Bereich der ganzen Zahlen umfasst die natürlichen Zahlen und die zu ihnen entgegengesetzten Zahlen. Uneingeschränkt ausführbar: Addition, Subtraktion, Multiplikation ($\subset$: echte Teilmenge von …)
Gebrochene Zahlen (Bruchzahlen)	$\mathbb{Q}^+$ $\mathbb{N} \subset \mathbb{Q}^+$	Beschreibung: Alle Brüche, die an ein und demselben Punkt des Zahlenstrahls stehen, bezeichnen ein und dieselbe gebrochene Zahl. Gebrochene Zahlen können auch durch (endliche oder periodische) Dezimalbrüche angegeben werden. Uneingeschränkt ausführbar: Addition, Multiplikation, Division (Ausnahme: Division durch 0)
Rationale Zahlen	$\mathbb{Q}$ $\mathbb{N} \subset \mathbb{Q}$ $\mathbb{Z} \subset \mathbb{Q}$ $\mathbb{Q}^+ \subset \mathbb{Q}$	Beschreibung: Die positiven gebrochenen Zahlen und die zu ihnen entgegengesetzten Zahlen bilden zusammen mit der Zahl 0 den Zahlenbereich der rationalen Zahlen. Jede rationale Zahl lässt sich in der Form $\frac{p}{q}$ ($p \in \mathbb{Z}$; $q \in \mathbb{N}$; $q \neq 0$) darstellen. Daneben gibt es die Darstellung als positiver bzw. negativer Dezimalbruch. Uneingeschränkt ausführbar: Addition, Subtraktion, Multiplikation, Division (Ausnahme: Division durch 0)
Reelle Zahlen	$\mathbb{R}$ $\mathbb{N} \subset \mathbb{R}$ $\mathbb{Z} \subset \mathbb{R}$ $\mathbb{Q}^+ \subset \mathbb{R}$ $\mathbb{Q} \subset \mathbb{R}$	Beschreibung: Die rationalen und die irrationalen Zahlen bilden den Zahlenbereich der reellen Zahlen. Irrationale Zahlen sind unendliche, nichtperiodische Dezimalbrüche. Beispiele für irrationale Zahlen und ihre Darstellung mithilfe rationaler Näherungswerte: $\pi = 3{,}141\,592\,653\,589\,793\,238\,462\,643\,383\,…$; $\sqrt{2} = 1{,}414\,213\,562\,3\,…$ Uneingeschränkt ausführbar: Addition, Subtraktion, Multiplikation, Division (Ausnahme: Division durch 0). Das Radizieren bleibt auf nichtnegative Radikanden beschränkt.

Primzahlen

Natürliche Zahlen, die größer als 1 und nur durch 1 und durch sich selbst teilbar sind, heißen Primzahlen. Primzahlen haben genau zwei Teiler.

Die kleinste Primzahl ist 2. Eine größte Primzahl gibt es nicht, aber mit Computern werden immer größere Primzahlen gefunden (ein Beispiel ist die Zahl $2^{30402457} - 1$, das ist eine Zahl mit mehr als 9 Millionen Stellen!).

Das Primzahlsieb des Erathostenes

~~1~~	**2**	**3**	~~4~~	**5**	~~6~~	**7**	~~8~~	~~9~~	~~10~~
11	~~12~~	**13**	~~14~~	~~15~~	~~16~~	**17**	~~18~~	**19**	~~20~~
~~21~~	~~22~~	**23**	~~24~~	~~25~~	~~26~~	~~27~~	~~28~~	**29**	~~30~~
31	~~32~~	~~33~~	~~34~~	~~35~~	~~36~~	**37**	~~38~~	~~39~~	~~40~~
41	~~42~~	**43**	~~44~~	~~45~~	~~46~~	**47**	~~48~~	~~49~~	~~50~~
~~51~~	~~52~~	**53**	~~54~~	~~55~~	~~56~~	~~57~~	~~58~~	**59**	~~60~~
61	~~62~~	~~63~~	~~64~~	~~65~~	~~66~~	**67**	~~68~~	~~69~~	~~70~~
71	~~72~~	**73**	~~74~~	~~75~~	~~76~~	~~77~~	~~78~~	**79**	~~80~~
~~81~~	~~82~~	**83**	~~84~~	~~85~~	~~86~~	~~87~~	~~88~~	**89**	~~90~~
~~91~~	~~92~~	~~93~~	~~94~~	~~95~~	~~96~~	**97**	~~98~~	~~99~~	~~100~~

Mit dem „Sieb des Erathostenes" lassen sich bis zu einer beliebig großen gegebenen Zahl alle Primzahlen herausfinden. Und so geht's für die Zahlen bis 100:

Streiche zunächst die 1, weil sie laut Definition keine Primzahl ist.

Die nächste nicht gestrichene Zahl ist die 2. Sie kann als Primzahl markiert werden. Streiche nun alle Vielfachen von 2 aus der Liste.

Die nächste nicht gestrichene Zahl ist die 3. Markiere sie als Primzahl und streiche alle Vielfachen von 3.

Wiederhole diese Schritte für die weiteren nicht gestrichenen Zahlen.

Als Ergebnis bleiben alle Primzahlen bis 100 übrig:

2; 3; 5; 7; 11; 13; 17; 19; 23; 29; 31; 37; 41; 43; 47; 53; 59; 61; 67; 71; 73; 79; 83; 89; 97

Größen und Einheiten

Länge

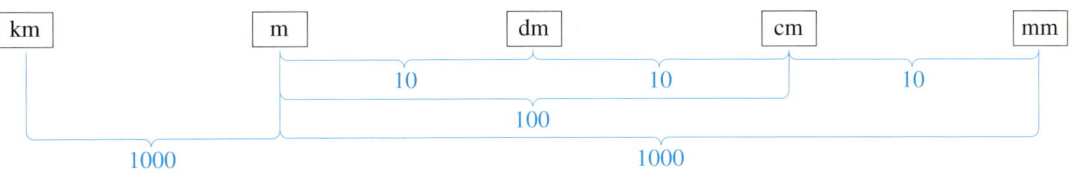

Flächeninhalt

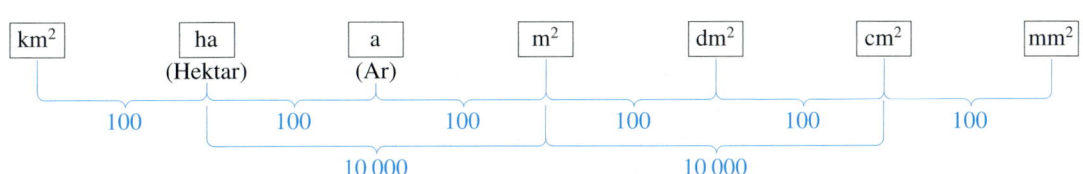

Rauminhalt (Volumen)

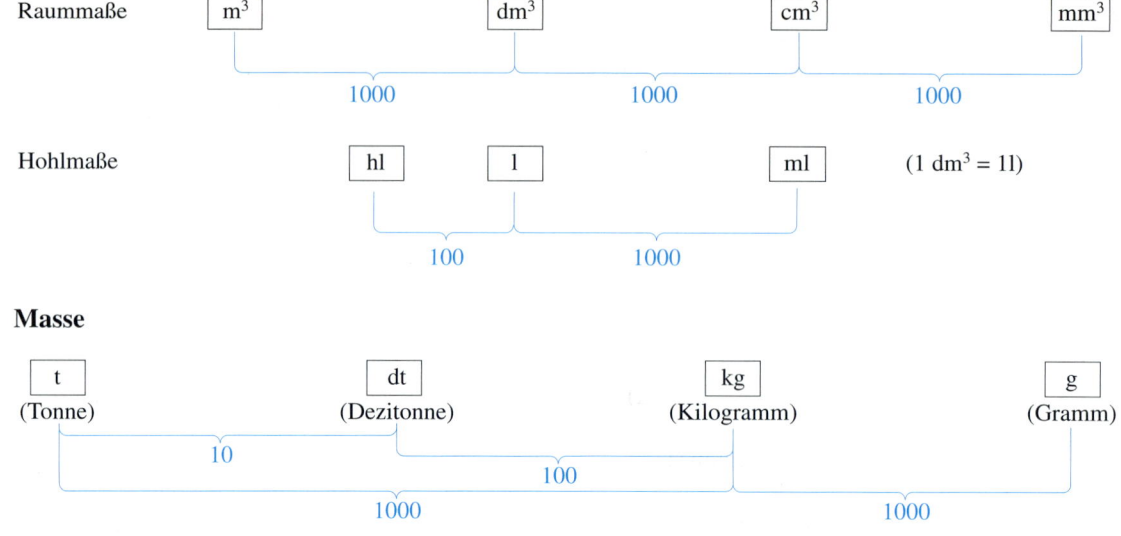

Raummaße $\boxed{m^3}$ $\boxed{dm^3}$ $\boxed{cm^3}$ $\boxed{mm^3}$

1000   1000   1000

Hohlmaße $\boxed{hl}$ $\boxed{l}$ $\boxed{ml}$ ($1\,dm^3 = 1l$)

100   1000

Masse

$\boxed{t}$ $\boxed{dt}$ $\boxed{kg}$ $\boxed{g}$
(Tonne)   (Dezitonne)   (Kilogramm)   (Gramm)

10   100   1000

1000   1000

Zeit (Zeitspannen)

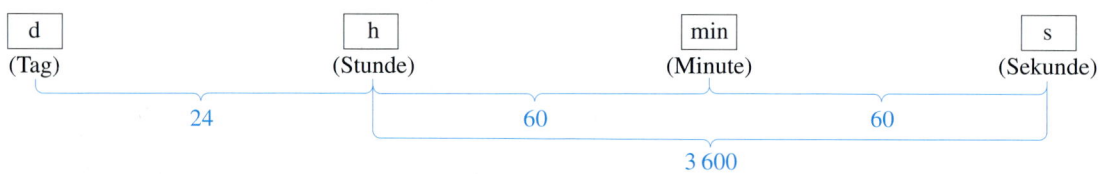

$\boxed{d}$ $\boxed{h}$ $\boxed{min}$ $\boxed{s}$
(Tag)   (Stunde)   (Minute)   (Sekunde)

24   60   60

3 600

Beim Umwandeln in die kleinere Einheit ($\rightarrow$) wird der Zahlenwert mit der Umwandlungszahl multipliziert bzw. das Komma um die Anzahl der Nullen der Umwandlungszahl nach rechts geschoben. (Der Zahlenwert wird größer.)

Beim Umwandeln in die größere Einheit ($\leftarrow$) wird der Zahlenwert durch Umwandlungszahl dividiert bzw. das Komma um die Anzahl der Nullen der Umwandlungszahl nach links geschoben. (Der Zahlenwert wird kleiner.)

Selten gebrauchte und veraltete Einheiten

Einheit	Anzahl
1 Dutzend	12 Stück
1 Gros	144 Stück
1 kleine Mandel	15 Stück
1 große Mandel	16 Stück
1 Paar	2 Stück
1 Schock	60 Stück

Einheit	Gebiet	Umrechnung
1 Morgen	Preußen	1 Morgen = 25,53 a
1 Elle	Preußen	1 Elle = 66,69 cm
1 Fuß	Preußen	1 Fuß = 31,385 cm
1 Zoll	Preußen	1 Zoll = 2,615 cm
1 Rute	Preußen	1 Rute = 3,766 m
1 Knoten	–	1 Knoten ≈ 1,85 km/h

Angloamerikanische Einheiten

Größe	Einheit	Umrechnung
Länge	inch (engl. Zoll)	1 in = 2,54 cm
	foot	1 ft = 12 in = 0,304 8 m
	yard	1 yd = 3 ft = 0,914 4 m
	mile	1 mile = 1 609,344 m
Masse	ounce (UK)	1 oz. = 28,349 5 g
	pound (UK)	1 lb. = 16 oz. = 0,453 592 kg
Volumen von Flüssigkeiten	gallon (UK)	1 gal = 4,54 l
	barrel (UK)	1 barrel = 35 gal = 158,9 l

Papierformate

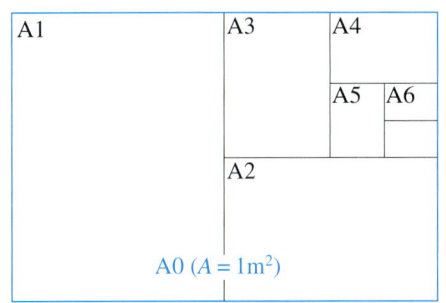

Das Ausgangsformat der DIN-A-Reihe ist A0. Es hat eine Fläche von 1 m^2. Das Format A1 entsteht durch Halbierung des Formates A0, wobei die kurze Seite von A0 gleich der langen Seite von A1 ist. Alle folgenden Formate entstehen durch wiederholte Halbierung.

Das Verhältnis der kurzen zur langen Seite eines Formates beträgt 1 : $\sqrt{2}$ ($\approx 1,414$).

DIN Klasse	Fachbezeichnung	Fläche in m^2	Höhe in mm	Breite in mm	Anwendungen
A0	Vierfachbogen	1	1189	841	Großflächenplakat, Filmplakate
A1	Doppelbogen	$\frac{1}{2}$	841	594	Poster, Land- und Stadtpläne
A2	Bogen	$\frac{1}{4}$	594	420	Geschenkpapier
A3	Halbbogen	$\frac{1}{8}$	420	297	Zeitungen, Plakate
A4	Viertelbogen	$\frac{1}{16}$	297	210	Briefpapier, Hefter
A5	Blatt	$\frac{1}{32}$	210	148	Karteikarten, Geschäftsdrucksachen
A6	Halbblatt	$\frac{1}{64}$	148	105	Postkarten, Überweisungen

<table>
<tr><td>

Gradmaß

0,1° = 6′
0,2° = 12′
0,3° = 18′
0,4° = 24′
0,5° = 30′
0,6° = 36′
0,7° = 42′
0,8° = 48′
0,9° = 54′

</td><td>

Beim Gradmaß wird dem Vollwinkel die Zahl 360 zugeordnet.

Einheit: 1 Grad
(Das ist die Größe desjenigen Winkels, der gleich dem 360sten Teil des Vollwinkels ist.)
Weitere Einheiten: 1′; 1″
(1′: Minute; 1″: Sekunde)
1° = 60′ = 3600″
     1′ = 60″

</td><td>

Bogenmaß

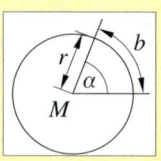

$\alpha = 1$ rad
$\approx 57{,}296°$

</td><td>

Beim Bogenmaß wird jedem Winkel (aufgefasst als Zentriwinkel eines Kreises) das Verhältnis $\frac{b}{r}$ von Länge des zugehörigen Bogens und Länge des Radius als Zahlenwert zugeordnet.

Einheit: 1 Radiant
(Das ist die Größe desjenigen Winkels, der aus dem Umfang eines Kreises einen Bogen von der Länge des Radius ausschneidet.)

</td></tr>
</table>

Umrechnungstafel: Grad in Radiant

Grad	Rad.	Grad	Rad.	Grad	Rad.
1	0,017	31	0,541	61	1,065
2	035	32	559	62	082
3	052	33	576	63	100
4	070	34	593	64	117
5	087	35	611	65	134
6	105	36	628	66	152
7	122	37	646	67	169
8	140	38	663	68	187
9	157	39	681	69	204
10	0,175	40	0,698	70	1,222
11	0,192	41	0,716	71	1,239
12	209	42	733	72	257
13	227	43	750	73	274
14	244	44	768	74	292
15	262	45	785	75	309
16	279	46	803	76	326
17	297	47	820	77	344
18	314	48	838	78	361
19	332	49	855	79	379
20	0,349	50	0,873	80	1,396
21	0,367	51	0,890	81	1,414
22	384	52	908	82	431
23	401	53	925	83	449
24	419	54	942	84	466
25	436	55	960	85	484
26	454	56	977	86	501
27	471	57	995	87	518
28	489	58	1,012	88	536
29	506	59	030	89	553
30	0,524	60	1,047	90	1,571
Grad	Rad.	Grad	Rad.	Grad	Rad.

Umrechnungstafel: Radiant in Grad

Rad.	Grad	Rad.	Grad	Rad.	Grad
0,02	1,1	0,62	35,5	1,22	69,9
0,04	2,3	0,64	36,7	1,24	71,0
0,06	3,4	0,66	37,8	1,26	72,2
0,08	4,6	0,68	39,0	1,28	73,3
0,10	5,7	0,70	40,1	1,30	74,5
0,12	6,9	0,72	41,3	1,32	75,6
0,14	8,0	0,74	42,4	1,34	76,8
0,16	9,2	0,76	43,5	1,36	77,9
0,18	10,3	0,78	44,7	1,38	79,1
0,20	11,5	0,80	45,8	1,40	80,2
0,22	12,6	0,82	47,0	1,42	81,4
0,24	13,8	0,84	48,1	1,44	82,5
0,26	14,9	0,86	49,3	1,46	83,7
0,28	16,0	0,88	50,4	1,48	84,8
0,30	17,2	0,90	51,6	1,50	85,9
0,32	18,3	0,92	52,7	1,52	87,1
0,34	19,5	0,94	53,9	1,54	88,2
0,36	20,6	0,96	55,0	1,56	89,4
0,38	21,8	0,98	56,1	1,58	90,5
0,40	22,9	1,00	57,3	1,60	91,7
0,42	24,1	1,02	58,4	1,62	92,8
0,44	25,2	1,04	59,6	1,64	94,0
0,46	26,4	1,06	60,7	1,66	95,1
0,48	27,5	1,08	61,9	1,68	96,3
0,50	28,6	1,10	63,0	1,70	97,4
0,52	29,8	1,12	64,2	1,72	98,5
0,54	30,9	1,14	65,3	1,74	99,7
0,56	32,1	1,16	66,5	1,76	100,8
0,58	33,2	1,18	67,6	1,78	102,0
0,60	34,4	1,20	68,8	1,80	103,1
Rad.	Grad	Rad.	Grad	Rad.	Grad

Bezeichnet man die Winkelgröße im Gradmaß mit α und die Winkelgröße im Bogenmaß mit arc α (arcus: lat. Bogen), so gilt: **arc $\alpha = \frac{\pi}{180°} \cdot \alpha \approx 0{,}01745 \cdot \alpha$**   **und**   **$\alpha = \frac{180°}{\pi} \cdot$ arc $\alpha \approx 57{,}29578° \cdot$ arc α.**

Rechnung und Überschlag

$3,60\,m \approx 4\,m$

Grundrechenarten und schriftliche Rechenverfahren

Addition

$$a \quad + \quad b \quad = \quad c$$
Summand + Summand = Summe

```
  2356          12,305
+ 1389         + 7,123
  3745          19,428
```

Subtraktion

$$a \quad - \quad b \quad = \quad c$$
Minuend − Subtrahend = Differenz

```
  2356          12,305
− 1389         − 7,123
   967           5,182
```

Multiplikation

$$a \quad \cdot \quad b \quad = \quad c$$
Faktor · Faktor = Produkt

```
246 · 53       3,14 · 2,5
1230            628
 738           1570
13038          7,850
```

Division

$$a \quad : \quad b \quad = \quad c$$
Dividend : Divisor = Quotient

```
1016 : 4 = 254      2,34 : 0,3 = 7,8
   8               23,4 : 3  = 7,8
  21                 21
  20                 24
  16                 24
  16                  0
   0
```

Beachte beim Multiplizieren von Dezimalzahlen (Kommazahlen):
1. Rechne, als wäre kein Komma vorhanden.
2. Das Ergebnis hat so viele Kommastellen, wie beide Faktoren zusammen.

Ist der Divisor eine Dezimalzahl (Kommazahl):
1. Wandle die Aufgabe so um, dass der Divisor eine ganze Zahl ist.
2. Wird die erste Stelle nach dem Komma nach unten gezogen, setze im Ergebnis das Komma.

Gesetze der Grundrechenarten

Kommutativgesetz	$a+b=b+a$ $a \cdot b = b \cdot a$	Distributivgesetz	$a \cdot (b+c) = a \cdot b + a \cdot c$ $a \cdot (b-c) = a \cdot b - a \cdot c$ $(a+b) \cdot c = a \cdot c + b \cdot c$ $(a-b) \cdot c = a \cdot c - b \cdot c$
Assoziativgesetz	$(a+b)+c = a+(b+c)$ $(a \cdot b) \cdot c = a \cdot (b \cdot c)$		

Multiplikationstabellen

Das kleine Einmaleins

	1	2	3	4	5	6	7	8	9	10
1	1	2	3	4	5	6	7	8	9	10
2	2	4	6	8	10	12	14	16	18	20
3	3	6	9	12	15	18	21	24	27	30
4	4	8	12	16	20	24	28	32	36	40
5	5	10	15	20	25	30	35	40	45	50
6	6	12	18	24	30	36	42	48	54	60
7	7	14	21	28	35	42	49	56	63	70
8	8	16	24	32	40	48	56	64	72	80
9	9	18	27	36	45	54	63	72	81	90
10	10	20	30	40	50	60	70	80	90	100

Das mittlere Einmaleins

	1	2	3	4	5	6	7	8	9	10
11	11	22	33	44	55	66	77	88	99	110
12	12	24	36	48	60	72	84	96	108	120
13	13	26	39	52	65	78	91	104	117	130
14	14	28	42	56	70	84	98	112	126	140
15	15	30	45	60	75	90	105	120	135	150
16	16	32	48	64	80	96	112	128	144	160
17	17	34	51	68	85	102	119	136	153	170
18	18	36	54	72	90	108	126	144	162	180
19	19	38	57	76	95	114	133	152	171	190
20	20	40	60	80	100	120	140	160	180	200

Runden und Teilen

Rundungsregeln

Es wird **abgerundet**, wenn rechts von der Rundungsstelle eine 0, 1, 2, 3 oder 4 folgt. Der Stellenwert an der Rundungsstelle bleibt unverändert. Alle folgenden Ziffern werden durch Nullen ersetzt.

5 437 soll auf volle Hunderter gerundet werden: $5\,437 \approx 5\,400$ (auf die Rundungsstelle folgt eine 3)

347,027 01 soll auf 3 Stellen nach dem Komma gerundet werden: $347{,}027\,01 \approx 347{,}027$ (auf die Rundungsstelle folgt eine 0)

Es wird **aufgerundet**, wenn rechts von der Rundungsstelle eine 5, 6, 7, 8 oder 9 folgt. Der Stellenwert an der Rundungsstelle wird um 1 erhöht. Alle folgenden Ziffern werden durch Nullen ersetzt.

5 473 soll auf volle Hunderter gerundet werden: $5\,473 \approx 5500$ (auf die Rundungsstelle folgt eine 7)

89,778 soll auf volle Zehntel gerundet werden: $89{,}768 \approx 89{,}8$ (auf die Rundungsstelle folgt eine 6)

Teilbarkeitsregeln

Jede Zahl, deren letzte Ziffer 0, 2, 4, 6 oder 8 ist, ist durch **2** teilbar.	18
Jede Zahl, deren Quersumme durch 3 teilbar ist, ist durch **3** teilbar.	4 251
Jede Zahl, deren letzte beide Ziffern eine durch **4** teilbare Zahl bilden, ist durch 4 teilbar.	17 708
Jede Zahl, deren letzte Ziffer eine 0 oder 5 ist, ist durch **5** teilbar.	630
Jede Zahl, die durch 2 und 3 teilbar ist, ist durch **6** teilbar. oder: Jede Zahl, die durch 2 teilbar ist und deren Quersumme durch 3 teilbar ist, ist durch **6** teilbar.	90
Jede Zahl, deren letzte drei Ziffern durch 8 teilbar sind, ist durch **8** teilbar.	7 840
Jede Zahl, deren Quersumme durch 9 teilbar ist, ist durch **9** teilbar.	2 655
Jede Zahl, deren letzte Ziffer eine 0 ist, ist durch **10** teilbar.	440

1 ist Teiler einer jeden natürlichen Zahl, denn	$1 \cdot a = a.$
Jede natürliche Zahl ist Teiler von 0, denn	$a \cdot 0 = 0.$
Die Zahl 0 teilt keine natürliche Zahl $a > 0$, denn	$0 \cdot x \neq a > 0$

Das kleinste gemeinsame Vielfache (kgV)

Beim Vergleich der gemeinsamen Vielfachen zweier oder mehrerer Zahlen findet man das kleinste gemeinsame Vielfache (kgV).	4| 4 8 **12** 16 20 **24** … 6| 6 **12** 18 24 **30** … kgV von 4 und 6 ist 12

Der größte gemeinsame Teiler (ggT)

Beim Vergleich der gemeinsamen Teiler zweier oder mehrerer Zahlen findet man den größten gemeinsame Teiler (ggT).	42| 1 2 3 6 7 **14** 21 42 56| 1 2 4 7 8 **14** 28 56 ggT von 42 und 56 ist 14

Quersumme

Beim Bestimmen der Quersumme werden die einzelnen Ziffern einer Zahl addiert.	Quersumme von 8 562: $8 + 5 + 6 + 2 = 21$

Weitere Rechenoperationen

Quadrieren $a \cdot a = a^2$

Das Produkt einer Zahl a mit sich selbst heißt das **Quadrat** von a. Man sagt, dass die Zahl a quadriert wird.
Für das Produkt $a \cdot a$ schreibt man a^2.

$11 \cdot 11 = 11^2 = 121$

Radizieren (Quadratwurzel) $b = \sqrt{a}$

Ziehen der Quadratwurzel ist die Umkehroperation zum Quadrieren.

$\sqrt{a}$ ist ist diejenige positive Zahl b, für die gilt: $b^2 = a$.

$\sqrt{625} = \sqrt{25^2} = 25$

Potenzieren $\underbrace{a \cdot a \cdot a \ldots \cdot a}_{n\text{-mal}} = a^n$

Wird eine Zahl a n-mal mit sich selbst multipliziert, so kann man dies als **Potenz a^n** schreiben. Der Exponent n gibt an, wie viel mal a mit sich selbst multipliziert wird.

$b = a^n$ b: Potenz
a: Basis der Potenz
n: Exponent (Hochzahl)

MERKE: $a^0 = 1 \ (a \neq 0); \quad a^1 = a; \quad a^{-n} = \dfrac{1}{a^n}$

$a \cdot a \cdot a = a^3$
$a \cdot a \cdot a \cdot a \cdot a = a^5$

Radizieren (n-te Wurzel ziehen)

$b = \sqrt[n]{a} \ (a \geq 0)$ b: Wurzel
a: Radikand
n: Wurzelexponent

Wurzelziehen ist die Umkehroperation zum Potenzieren.

Die n-te Wurzel aus a ist diejenige positive Zahl b, für die gilt: $b^n = a$.

$\sqrt[3]{512} = \sqrt[3]{8 \cdot 8 \cdot 8} = 8$

Zehnerpotenzen

Zehnerpotenzen sind Potenzen mit der Basis 10.

$10^0 =$	1		$10^{12} =$	1 000 000 000 000 (1 Billion)
$10^3 =$	1000 (1 Tausend)		$10^{15} =$	1 000 000 000 000 000 (1 Billiarde)
$10^6 =$	1 000 000 (1 Million)		$10^{18} =$	1 000 000 000 000 000 000 (1 Trillion)
$10^9 =$	1 000 000 000 (1 Milliarde)		$10^{24} =$	1 000 000 000 000 000 000 000 000 (1 Quadrillion)

10^9 (1 Milliarde) wird in den USA und GB als Billion bezeichnet.

$10^{-1} = 0,1$ (1 Zehntel) $10^{-2} = 0,01$ (1 Hundertstel) $10^{-3} = 0,001$ (1 Tausendstel)

Darstellung von Zahlen mithilfe von Zehnerpotenzen

Sehr große Zahlen werden als Produkt aus einer Zahl zwischen 1 und 10 und einer Zehnerpotenz dargestellt. Der Exponent gibt an, um wie viele Stellen das Komma nach links gerückt ist.	$4\,000\,000 = 4 \cdot 10^6$ $4\,500\,000 = 4,5 \cdot 10^6$ $4\,560\,000 = 4,56 \cdot 10^6$
Sehr kleine Zahlen werden als Produkt aus einer Zahl zwischen 1 und 10 und einer Zehnerpotenz mit negativem Exponenten dargestellt. Der negative Exponent gibt an, um wie viele Stellen das Komma nach rechts gerückt ist.	$0,000004 = 4 \cdot 10^{-6}$ $0,000046 = 4,6 \cdot 10^{-5}$ $0,000\,000\,456 = 4,56 \cdot 10^{-7}$

Potenzgesetze

Ist k eine natürliche Zahl größer 0 und $a \neq 0$, so gilt: $a^{-k} = \dfrac{1}{a^k}$

gleiche Basis: $a^m \cdot a^n = a^{m+n}$ $a^m : a^n = \dfrac{a^m}{a^n} = a^{m-n}$ für $a \neq 0$	$3^2 \cdot 3^3 = 3^{2+3} = 3^5 = 243$ $3^3 : 3^2 = 3^{3-2} = 3^1 = 3$
gleicher Exponent: $a^n \cdot b^n = (a \cdot b)^n$ $a^n : b^n = \dfrac{a^n}{b^n} = \left(\dfrac{a}{b}\right)^n$ für $b \neq 0$	$3^2 \cdot 5^2 = (3 \cdot 5)^2 = 225$ $4^2 : 2^2 = \left(\dfrac{4}{2}\right)^2 = 4$
Potenzieren $(a^m)^n = a^{m \cdot n}$	$(4^2)^3 = 4^{2 \cdot 3} = 4^6 = 4\,096$

Wurzelgesetze

Anstelle von $\sqrt[2]{a}$ schreibt man kurz: $\sqrt{a}$

Stets gilt: $\sqrt{a^2} = |a|$

Man setzt fest: $\sqrt[n]{0} = 0$

Multiplizieren:	$\sqrt[n]{a} \cdot \sqrt[n]{b} = \sqrt[n]{a \cdot b}$	$\sqrt[2]{6} \cdot \sqrt[2]{24} = \sqrt[2]{6 \cdot 24} = \sqrt[2]{144} = 12$
Dividieren:	$\dfrac{\sqrt[n]{a}}{\sqrt[n]{b}} = \sqrt[n]{\dfrac{a}{b}}$ für $b \neq 0$	$\dfrac{\sqrt[2]{32}}{\sqrt[2]{8}} = \sqrt[2]{\dfrac{32}{8}} = \sqrt[2]{4} = 2$
Potenzieren:	$\left(\sqrt[n]{a}\right)^m = \sqrt[n]{a^m}$	$\left(\sqrt[3]{4}\right)^6 = \sqrt[3]{4^6} = \sqrt[3]{4^2 \cdot 4^2 \cdot 4^2} = 4^2 = 16$
Radizieren:	$\sqrt[m]{\sqrt[n]{a}} = \sqrt[m \cdot n]{a}$	$\sqrt[3]{\sqrt[2]{64}} = \sqrt[6]{64} = \sqrt[6]{2^6} = 2$

Wurzeln in Potenzschreibweise

Mithilfe von Wurzeln und Potenzen mit ganzzahligen Exponenten werden Potenzen mit gebrochenen Exponenten erklärt. Es gilt:

$a^{\frac{1}{n}} = \sqrt[n]{a}$	$(a \geq 0; n > 0)$	$4^{\frac{1}{2}} = \sqrt[2]{4} = 2$
$a^{\frac{m}{n}} = \sqrt[n]{a^m}$	$(a \geq 0; n > 0; m \geq 0)$	$4^{\frac{3}{2}} = \sqrt[2]{4^3} = \sqrt[2]{64} = 8$
$a^{-\frac{m}{n}} = \dfrac{1}{\sqrt[n]{a^m}}$	$(a > 0; n > 0; m \geq 0)$	$4^{-\frac{3}{2}} = \dfrac{1}{\sqrt[2]{4^3}} = \dfrac{1}{\sqrt[2]{64}} = \dfrac{1}{8}$

Brüche

Bezeichnungen von Brüchen

Teile eines Bruches: $\dfrac{Z\ddot{a}hler}{Nenner}$

Gleichnamige Brüche sind Brüche, die den gleichen Nenner besitzen.	$\dfrac{1}{8}; \dfrac{2}{8}; \dfrac{3}{8}; \dfrac{4}{8}; \dfrac{11}{8}$
Ungleichnamige Brüche besitzen unterschiedliche Nenner.	$\dfrac{2}{3}; \dfrac{3}{4}; \dfrac{1}{5}; \dfrac{3}{11}; \dfrac{15}{13}$
Bei *echten Brüchen* ist der Zähler kleiner als der Nenner. Ihr Wert ist kleiner als 1.	$\dfrac{1}{4}; \dfrac{2}{3}; \dfrac{4}{5}$
Bei *unechten Brüchen* ist der Zähler größer als der Nenner bzw. gleich dem Nenner. Ihr Wert ist größer gleich 1. Unechte Brüche können in gemischte Zahlen umgewandelt werden.	$\dfrac{5}{2}; \dfrac{4}{4}; \dfrac{4}{3}; \dfrac{100}{51}$
Gemischte Zahlen bestehen aus einer ganzen Zahl und einem echten Bruch.	$2\dfrac{1}{2}; 1\dfrac{1}{3}$

Erweitern und Kürzen

Erweitern Beim Erweitern werden Zähler und Nenner mit der gleichen Zahl ($c \neq 0$) multipliziert. Der Wert des Bruches bleibt erhalten. $\dfrac{a}{b} = \dfrac{a \cdot c}{b \cdot c}$	$\dfrac{2}{3} = \dfrac{2 \cdot 2}{3 \cdot 2} = \dfrac{4}{6}$
Kürzen Beim Kürzen werden Zähler und Nenner durch die gleiche Zahl ($c \neq 0$) dividiert. Der Wert des Bruches bleibt erhalten. $\dfrac{a}{b} = \dfrac{a : c}{b : c}$	$\dfrac{4}{6} = \dfrac{4 : 2}{6 : 2} = \dfrac{2}{3}$

Rechnen mit Brüchen

Addition gleichnamiger Brüche $\frac{a}{c} + \frac{b}{c} = \frac{a+b}{c}$; $c \neq 0$	$\frac{2}{8} + \frac{3}{8} = \frac{2+3}{8} = \frac{5}{8}$
Subtraktion gleichnamiger Brüche $\frac{a}{c} - \frac{b}{c} = \frac{a-b}{c}$; $c \neq 0$	$\frac{5}{8} - \frac{2}{8} = \frac{5-2}{8} = \frac{3}{8}$
Addition und Subtraktion ungleichnamiger Brüche Ungleichnamige Brüche müssen vor dem Addieren bzw. Subtrahieren durch Erweitern auf den gleichen Nenner (Hauptnenner) gebracht werden. Den Hauptnenner bestimmt man, indem man das kgV der beiden Nenner sucht (siehe S. 13). Meist lässt sich der Hauptnenner durch die Multiplikation der beiden Nenner bestimmen.	$\frac{2}{3} + \frac{3}{4} = \frac{8}{12} + \frac{9}{12} = \frac{17}{12} = 1\frac{5}{12}$ $\frac{4}{5} - \frac{1}{3} = \frac{12}{15} - \frac{5}{15} = \frac{7}{15}$
Multiplikation Zwei Brüche werden multipliziert, indem Zähler mit Zähler und Nenner mit Nenner multipliziert werden. $\frac{a}{b} \cdot \frac{c}{d} = \frac{a \cdot c}{b \cdot d}$; $b \neq 0; d \neq 0$	$\frac{2}{3} \cdot \frac{5}{8} = \frac{2 \cdot 5}{3 \cdot 8} = \frac{10}{24} = \frac{5}{12}$
Division Ein Bruch wird durch einen anderen Bruch dividiert, indem der erste Bruch mit dem Kehrwert des zweiten Bruches multipliziert wird. $\frac{a}{b} : \frac{c}{d} = \frac{a}{b} \cdot \frac{d}{c} = \frac{a \cdot d}{b \cdot c}$; $b \neq 0; c \neq 0; d \neq 0$	$\frac{2}{3} : \frac{3}{4} = \frac{2}{3} \cdot \frac{4}{3} = \frac{2 \cdot 4}{3 \cdot 3} = \frac{8}{9}$
Umwandlung: Bruch in Dezimalbruch Beim Umwandeln eines Bruches in einen Dezimalbruch wird der Bruch in eine Divisionsaufgabe umgewandelt und der Quotient berechnet. $\frac{a}{b} = a : b = c$; $b \neq 0$	$\frac{3}{4} = 3 : 4 = 0{,}75$
Umwandlung: Dezimalbruch in gemeinen Bruch Beim Umwandeln werden die Dezimalbrüche in Zehnerbrüche umgewandelt und wenn möglich gekürzt.	$0{,}75 = \frac{75}{100} = \frac{3}{4}$ $0{,}3 = \frac{3}{10}$

Z	E	$\frac{1}{10}$ z	$\frac{1}{100}$ h	$\frac{1}{1000}$ t	
	0,	1	2	5	$= \frac{125}{1000} = \frac{1}{8}$

Quadratzahlen, Quadratwurzeln, Kubikzahlen und Primfaktoren von n

n	n^2	$\sqrt{2}$	n^3	Primfaktoren	n	n^2	$\sqrt{2}$	n^3	Primfaktoren
1	1	1,000	1		41	1681	6,403	68921	**41**
2	4	1,414	8	**2**	42	1764	6,481	74088	$2 \cdot 3 \cdot 7$
3	9	1,732	27	**3**	43	1849	6,557	79507	**43**
4	16	2,000	64	2^2	44	1936	6,633	85184	$2^2 \cdot 11$
5	25	2,236	125	**5**	45	2025	6,708	91125	$3^2 \cdot 5$
6	36	2,449	216	$2 \cdot 3$	46	2116	6,782	97336	$2 \cdot 23$
7	49	2,646	343	**7**	47	2209	6,856	103823	**47**
8	64	2,828	512	2^3	48	2304	6,928	110592	$2^4 \cdot 3$
9	81	3,000	729	3^2	49	2401	7,000	117649	7^2
10	100	3,162	1000	$2 \cdot 5$	**50**	2500	7,071	125000	$2 \cdot 5^2$
11	121	3,317	1331	**11**	51	2601	7,141	132651	$3 \cdot 17$
12	144	3,464	1728	$2^2 \cdot 3$	52	2704	7,211	140608	$2^2 \cdot 13$
13	169	3,606	2197	**13**	53	2809	7,280	148877	**53**
14	196	3,742	2744	$2 \cdot 7$	54	2916	7,348	157464	$2 \cdot 3^3$
15	225	3,873	3375	$3 \cdot 5$	55	3025	7,416	166375	$5 \cdot 11$
16	256	4,000	4096	2^4	56	3136	7,483	175616	$2^3 \cdot 7$
17	289	4,123	4913	**17**	57	3249	7,550	185193	$3 \cdot 19$
18	324	4,243	5832	$2 \cdot 3^2$	58	3364	7,616	195112	$2 \cdot 29$
19	361	4,359	6859	**19**	59	3481	7,681	205379	**59**
20	400	4,472	8000	$2^2 \cdot 5$	**60**	3600	7,746	216000	$2^2 \cdot 3 \cdot 5$
21	441	4,583	9261	$3 \cdot 7$	61	3721	7,810	226981	**61**
22	484	4,690	10648	$2 \cdot 11$	62	3844	7,874	238328	$2 \cdot 31$
23	529	4,796	12167	**23**	63	3969	7,937	250047	$3^2 \cdot 7$
24	576	4,899	13824	$2^3 \cdot 3$	64	4096	8,000	262144	2^6
25	625	5,000	15625	5^2	65	4225	8,062	274625	$5 \cdot 13$
26	676	5,099	17576	$2 \cdot 13$	66	4356	8,124	287496	$2 \cdot 3 \cdot 11$
27	729	5,196	19683	3^3	67	4489	8,185	300763	**67**
28	784	5,292	21952	$2^2 \cdot 7$	68	4624	8,246	314432	$2^2 \cdot 17$
29	841	5,385	24389	**29**	69	4761	8,307	328509	$3 \cdot 23$
30	900	5,477	27000	$2 \cdot 3 \cdot 5$	**70**	4900	8,367	343000	$2 \cdot 5 \cdot 7$
31	961	5,568	29791	**31**	71	5041	8,426	357911	**71**
32	1024	5,657	32768	2^5	72	5184	8,485	373248	$2^3 \cdot 3^2$
33	1089	5,745	35937	$3 \cdot 11$	73	5329	8,544	389017	**73**
34	1156	5,831	39304	$2 \cdot 17$	74	5476	8,602	405224	$2 \cdot 37$
35	1225	5,916	42875	$5 \cdot 7$	75	5625	8,660	421875	$3 \cdot 5^2$
36	1296	6,000	46656	$2^2 \cdot 3^2$	76	5776	8,718	438976	$2^2 \cdot 19$
37	1369	6,083	50653	**37**	77	5929	8,775	456533	$7 \cdot 11$
38	1444	6,164	54872	$2 \cdot 19$	78	6084	8,832	474552	$2 \cdot 3 \cdot 13$
39	1521	6,245	59319	$3 \cdot 13$	79	6241	8,888	493039	**79**
40	1600	6,325	64000	$2^3 \cdot 5$	**80**	6400	8,944	512000	$2^4 \cdot 5$

Taschenrechner-Einmaleins

Vorbemerkung: Die verschiedenen Gerätetypen tragen zum Teil unterschiedliche Tastensymbole.

Zahlen eingeben	Ziffern von links nach rechts eintippen. ①, ②	① 59,86 [5] [9] [,] [8] [6] ② 0,704 [,] [7] [0] [4] Anzeige: [0.704]
• negative Zahlen eingeben [+/–]	Nach dem Eingeben der Ziffern die Vorzeichenwechsel [+/–] bestätigen. ③	③ −680 [6] [8] [0] [+/–] Anzeige: [−680.]
• Zahlen mit abgetrennten Zehnerpotenzen [EEX] (oder [EXP] oder [EE])	Zahlen mit großer Stellenzahl werden mit abgetrennten Zehnerpotenzen eingegeben. Dabei werden die Zahlen als Produkt aus einem Faktor x im Intervall $1 \leq x < 10$ und einer Zehnerpotenz dargestellt. ④, ⑤	④ 598 700 000 000 [5] [9] [8] [7] [EEX] [8] Anzeige: [5987.08] oder: [5987.^{08}] Beim Drücken von [=] oder einer Operationstaste Umspringen auf [5.987 11]. ⑤ $0{,}000\,002\,565\,3 = 2{,}5653 \cdot 10^{-6}$ [2] [,] [5] [6] [5] [3] [EEX] [6] [+/–] Anzeige: [2.5653 − 06]
Zahlen löschen [CE-C] (oder [C])	Einmaliges Betätigen der Löschtaste [CE-C] bzw. [C] bewirkt das Löschen der zuletzt eingegebenen Zahl. ①, ②	① 319 [CE-C] löscht 319 ② 319 [−] 19 [CE-C] löscht nur die Zahl 19. Ein anderer Subtrahend (im Falle + oder − auch die entgegengesetzte Operation) kann eingegeben werden: 319 [−] 19 [CE-C] [+] 18 [=] [337.]
• alles löschen [AC]	Zweimaliges Bestätigen der Taste [CE-C] (oder einmal [AC]) sichert das Löschen aller eingegebenen Zahlen und Befehle (auch im Speicher). ③	③ 319 [−] 19 [CE-C] [CE-C] [0.] bzw. 319 [−] 19 [AC] [0.]
• Löschen der jeweils letzten Stelle [→] (oder [▶])	Diese Rücktaste [→] bzw. [▶] ist nicht bei allen Taschenrechnern vorhanden. Beispiele: ④, ⑤	④ 219. [→] löscht 9. Anzeige: [21.] ⑤ 21.9 [→] [→] löscht 9 und 1 Anzeige: [2.]
Speichern • Speichertaste [x→M] (oder [MS], [STO], [Min])	Der Druck auf die Speichertaste befördert eine im Rechenwerk befindliche Zahl in den Speicher. Befindet sich schon eine Zahl im Speicher, so wird diese Zahl durch die neu eingespeicherte Zahl verdrängt. ①	① 152 [x→M] [M 152.] 153 [x→M] [M 153.] oder 152 [Min] [152.^{M}]
• Rückruftaste [MR] (oder [RCL])	Mit der Speicherrückruftaste wird eine gespeicherte Zahl in das Rechenwerk zurückgeholt. ②	② [M 153] 15 [+] [MR] [=] [M 168.] Im Speicher verbleibt weiter 153.

• Saldiertaste $\boxed{M+}$ (oder $\boxed{2nd}$ $\boxed{Sum}$)	Mit der Saldiertaste kann im Speicher addiert oder subtrahiert werden. ③	③ 152 $\boxed{x\text{-}M}$ [M 152.] 35 $\boxed{M+}$ [M 35.] Im Speicher befindet sich dann die Zahl 187. Wird anschließend z. B. die Zahl -19 eingetastet und saldiert, so erhält man über den Rückruf $\boxed{MR}$ das Ergebnis: 168. …19 $\boxed{+/-}$ $\boxed{M+}$ $\boxed{MR}$ [M 168.]
Quadrieren $\boxed{x^2}$ Quadratwurzel ziehen $\boxed{\sqrt{\ }}$	Das Ergebnis wird jeweils ohne Betätigung der Taste $\boxed{=}$ angezeigt. ①, ②, ③	① $7{,}29^2$ $7{,}29$ $\boxed{x^2}$ [53.144 1] ② $(-3{,}91)^2$ $3{,}91$ $\boxed{x^2}$ [15.288 1] ③ $\sqrt{7{,}29}$ $7{,}29$ $\boxed{\sqrt{\ }}$ [2,7]
Potenzieren $\boxed{y^x}$ $\boxed{=}$	Basis eingeben, Operationstaste betätigen, den Exponenten eingeben und die Ergebnistaste $\boxed{=}$ drücken. ①	① $2{,}369^{6,5}$ $2{,}369$ $\boxed{y^x}$ $6{,}5$ $\boxed{=}$ [272.0651375]
Wurzelziehen $\boxed{y^x}$ $\boxed{1/x}$ $\boxed{=}$ oder $x^{\frac{1}{y}}$ $\boxed{SHIFT}$ $\boxed{x^y}$ $\boxed{=}$ oder $x^{\frac{1}{y}}$ $\boxed{2nd}$ $\boxed{x^y}$ $\boxed{=}$	Beim Wurzelziehen kann die Potenztaste $\boxed{y^x}$ in Verbindung mit der Kehrwerttaste $\boxed{1/x}$ angewendet werden ② oder mit $\boxed{SHIFT}$ bzw. $\boxed{2nd}$ oder $\boxed{F}$ die doppelt belegte Taste $\frac{x^{\frac{1}{y}}}{x^y}$ ③.	② $\sqrt[5]{29{,}8}$ $29{,}8$ $\boxed{y^x}$ 5 $\boxed{1/x}$ $\boxed{=}$ [1.97171097] ③ $\sqrt[5]{29{,}8}$ $29{,}8$ $\boxed{SHIFT}$ $\overset{x^{\frac{1}{y}}}{\boxed{x^y}}$ 5 $\boxed{=}$ [1.97171079]
Logarithmieren $\boxed{ln}$ $\boxed{lg}$ $\boxed{log}$	Numerus eingeben und Funktionstaste drücken. Das Ergebnis wird sofort angezeigt. ①, ②	① $\ln 523$ 523 $\boxed{ln}$ [6.259 581 4] ② $\lg 523$ 523 $\boxed{lg}$ [2.718 501 7]
Aufsuchen des Numerus (Doppelbelegung beachten)	Den Logarithmus eingeben, die Umschalttaste betätigen und je nach Basis des Logarithmensystems die entsprechende Taste drücken. ③	③ Gesucht ist x zu $\log x = 1{,}751$ $1{,}751$ $\boxed{SHIFT}$ $\overset{10^x}{\boxed{log}}$ bzw. $\boxed{2nd}$ oder $\boxed{F}$ [56.363 765 6]
Winkelfunktionswerte $\boxed{sin}$ $\boxed{cos}$ $\boxed{tan}$ $\boxed{cot}$	Grundsatz: Zuerst DEG/RAD/GRD in die geforderte Stellung bringen.	① $\sin 37{,}5°$ $\boxed{DEG}$ $37{,}5$ $\boxed{sin}$ ② $\cos 251°$ [0.608 76] $\boxed{DEG}$ 251 $\boxed{cos}$ [$-0.325\,56$]
• Aufsuchen des Funktionswertes	DEG $\rightarrow$ Winkel im Gradmaß RAD $\rightarrow$ Winkel im Bogenmaß GRD $\rightarrow$ Winkel im Neugrad Dann den Winkel eingeben. ①, ②, ③	③ $\cos\left(-\frac{3}{4}\pi\right)$ $\boxed{RAD}$ 3 $\boxed{\div}$ 4 $\boxed{\times}$ $\boxed{\pi}$ … … $\boxed{=}$ $\boxed{+/-}$ $\boxed{cos}$ … … [$-0.707\,107$]
• Aufsuchen der Winkelgrößen (Doppelbelegung nutzen)	Auch hierbei zunächst den Umschalter „DEG/RAD/GRD" in die erforderliche Stellung bringen. Dann den Funktionswert eintasten. ④ (Gegebenenfalls die Quadrantenbeziehungen anwenden!)	④ $\sin x = 0{,}2536$ $\boxed{DEG}$ $0{,}2536$ $\boxed{SHIFT}$ $\overset{\sin^{-1}}{\boxed{sin}}$ [14.6906]; $x \approx 14{,}7°$ bzw. $\boxed{RAD}$ $0{,}2536$ $\boxed{SHIFT}$ $\overset{\sin^{-1}}{\boxed{sin}}$ [0.2564]; $x \approx 0{,}26\,\text{rad}$

Funktion und Zuordnung

Zuordnungen

Von einer **Zuordnung** spricht man, wenn man einem Element einer Menge A ein Element oder mehrere Elemente einer Menge B zuordnen kann.

Zuordnungen können mithilfe von Tabellen (Wertetabellen), Diagrammen (Schaubildern) und Rechenvorschriften beschrieben werden.

Beispiel:
„Jeder natürlichen Zahl wird ihr um eins vermehrtes Doppeltes zugeordnet."

Wertetabelle

x	0	1	2	3	4
y	1	3	5	7	9

Diagramm

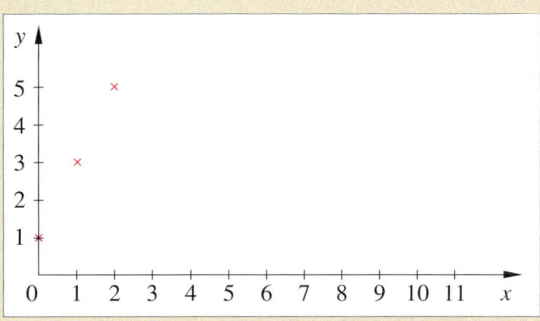

Pfeildiagramm

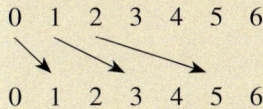

Rechenvorschrift

$x \rightarrow y$ mit $y = 2x + 1$ wobei $x \in \mathbb{N}$

↳ „Das um eins vermehrte Doppelte dieser Zahl"

„natürliche Zahl"

Direkte Proportionalität und umgekehrte (indirekte) Proportionalität

	Direkte Proportionalität (proportionale Zuordnung)	Umgekehrte (indirekte) Proportionalität
Merkmale	Wird die eine Größe verdoppelt (verdreifacht, …), so verdoppelt (verdreifacht, …) sich auch die andere Größe. Wird die eine Größe halbiert (gedrittelt, …), so halbiert (drittelt, …) sich auch die andere Größe.	Wird die eine Größe verdoppelt (verdreifacht, …), so halbiert (drittelt, …) sich die andere Größe. Wird die eine Größe halbiert (gedrittelt, …), so verdoppelt (verdreifacht, …) sich die andere Größe.
	$\begin{array}{c|c|c|c|c} x & 2 \cdot x & 3 \cdot x & 4 \cdot x & \dots \\ \hline y & 2 \cdot y & 3 \cdot y & 4 \cdot y & \dots \end{array}$	$\begin{array}{c|c|c|c|c} x & 2 \cdot x & 3 \cdot x & 4 \cdot x & \dots \\ \hline y & \frac{y}{2} & \frac{y}{3} & \frac{y}{4} & \dots \end{array}$
Definition Proportionalitätsfaktor k	Die Verhältnisse einander zugeordneter Zahlen sind stets gleich (quotientengleich). Für alle Paare $(x_i; y_i)$ gilt: $\frac{y_i}{x_i} = k \ (x_i \neq 0; k \neq 0)$ bzw. $y_i = k \cdot x_i$ Man schreibt: $y \sim x$	Die Produkte einander zugeordneter Zahlen sind stets gleich (produktgleich). Für alle Paare $(x_i; y_i)$ gilt: $x_i \cdot y_i = k$ bzw. $y_i = k \cdot \frac{1}{x_i}$ Man schreibt: $y \sim \frac{1}{x} \ (x_i \neq 0; k \neq 0)$
Grafische Darstellung	Alle Punkte liegen auf einer Geraden, die durch den Nullpunkt des Koordinatensystems geht.	Die Punkte liegen auf einer Kurve, die sich für sehr kleine x-Werte an die y-Achse und für sehr große x-Werte an die x-Achse anschmiegt.
	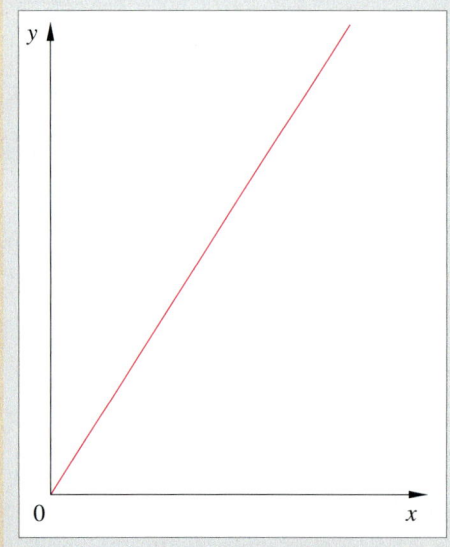	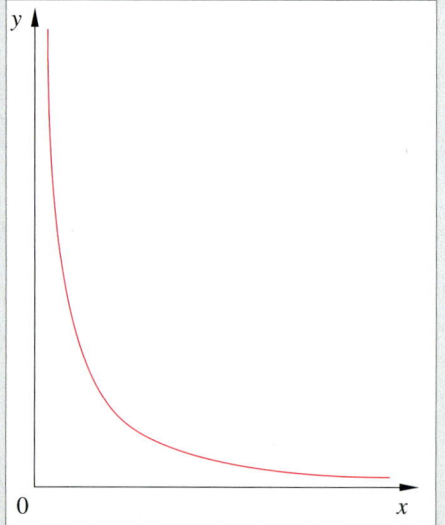
Gleichungen	*gegeben: x_1, y_1, x_2 gesucht: y_2* Berechnung mit **Verhältnisgleichung** Aus $\frac{x_1}{y_1} = \frac{x_2}{y_2}$ folgt $y_2 = \frac{x_2 \cdot y_1}{x_1}$	*gegeben: x_1, y_1, x_2 gesucht: y_2* Berechnung mit **Produktgleichung** Aus $x_1 \cdot y_1 = x_2 \cdot y_2$ folgt $y_2 = \frac{x_1 \cdot y_1}{x_2}$

Dreisatzrechnung

Vorgehensweise	Direkte Proportionalität (proportionale Zuordnung)	Umgekehrte (indirekte) Proportionalität
(1) bekanntes Zahlenpaar (2) von dem gegebenen Vielfachen auf die Einheit schließen (3) von der Einheit auf das gesuchte Vielfache schließen	$x_0 \stackrel{\wedge}{=} y_0$ $:x_0 \qquad :x_0$ $1 \stackrel{\wedge}{=} \frac{y_0}{x_0}$ $\cdot x \qquad \cdot x$ $x \stackrel{\wedge}{=} \frac{y_0}{x_0}\cdot x = y$	$x_0 \stackrel{\wedge}{=} y_0$ $:x_0 \qquad \cdot x_0$ $1 \stackrel{\wedge}{=} y_0 \cdot x_0$ $\cdot x \qquad :x$ $x \stackrel{\wedge}{=} \frac{y_0 \cdot x_0}{x} = y$
Berechnungsbeispiel	*Wie viel kosten 5 kg Kartoffeln, wenn 3 kg 1,65 € kosten?* $3\,kg \stackrel{\wedge}{=} 1,65\,€$ $:3 \qquad :3$ $1\,kg \stackrel{\wedge}{=} 0,55\,€$ $\cdot 5 \qquad \cdot 5$ $5\,kg \stackrel{\wedge}{=} 2,75\,€$ *5 kg Kartoffeln kosten 2,75 €.*	*Für den Transport einer bestimmten Menge müssen 3 Lkw je 10-mal fahren. Wie oft muss jeder Lkw fahren, wenn 5 Lkw eingesetzt werden?* $3\,Lkw \stackrel{\wedge}{=} 10\,Fahrten$ $:3 \qquad \cdot 3$ $1\,Lkw \stackrel{\wedge}{=} 30\,Fahrten$ $\cdot 5 \qquad :5$ $5\,Lkw \stackrel{\wedge}{=} 6\,Fahrten$ *Wenn 5 Lkw eingesetzt werden, muss jeder Lkw 6-mal fahren.*

Prozentrechnung und Zinsrechnung

Bezeichnungen und Begriffe

	Prozentrechnung	Zinsrechnung
Begriffe	*das Ganze* (entspricht 100%): Grundwert G *Anteil am Ganzen* $(1\% = \frac{1}{100} = 0,01)$: Prozentsatz $p\%$ *Größe des Anteils:* Prozentwert W	Kapital K Zinssatz $p\%$ Zinsen Z
Grundgleichung	$\frac{W}{p} = \frac{G}{100}$	$\frac{Z}{p} = \frac{K}{100}$

Grundaufgaben

Prozentrechnung	Zinsrechnung
*Zu berechnen ist **Prozentwert W***	*Zu berechnen sind **Zinsen Z***
Formel: $W = p \cdot \dfrac{G}{100}$	Formel: $Z = p \cdot \dfrac{K}{100}$
Beispiel mit Dreisatz:	
Wieviel sind 13% von 750 €?	*Wie hoch sind die Jahreszinsen bei einem Kapital von 550 € und einem Zinssatz von 2,25%?*
$100\% \triangleq 750\,€$ $1\% \triangleq 7,50\,€$ $13\% \triangleq 7,50\,€ \cdot 13 = 97,50\,€$	$100\% \triangleq 550\,€$ $1\% \triangleq 5,50\,€$ $2,25\% \triangleq 5,50\,€ \cdot 2,25 = 12,38\,€$
*Zu berechnen ist **Grundwert G***	*Zu berechnen ist **Kapital K***
Formel: $G = \dfrac{W}{p} \cdot 100$	Formel: $K = \dfrac{Z}{p} \cdot 100$
Beispiel mit Dreisatz	
5 600 ha sind 16% einer Gesamtfläche. Wie groß ist diese Gesamtfläche?	*Wie groß war das Kapital, wenn die Jahreszinsen 30 € betragen bei einem Zinssatz von 5%?*
$16\% \triangleq 5\,600\,ha$ $1\% \triangleq 5\,600\,ha : 16 = 350\,ha$ $100\% \triangleq 350\,ha \cdot 100 = 35\,000\,ha$	$5\% \triangleq 30\,€$ $1\% \triangleq 30\,€ : 5 = 6\,€$ $100\% \triangleq 6\,€ \cdot 100 = 600\,€$
*Zu berechnen ist **Prozentsatz p***	*Zu berechnen ist **Zinssatz p***
Formel: $p = \dfrac{100}{G} \cdot W$	Formel: $p = \dfrac{100}{K} \cdot Z$
Beispiel mit Dreisatz	
Von 31 520 Wahlberechtigten einer Stadt nahmen 21 276 an der Wahl teil. Wieviel Prozent sind das?	*Für 1 250 € wurden nach einem Jahr 60 € Zinsen ausgezahlt. Welchem Zinssatz entspricht das?*
$31\,520 \triangleq 100\%$ $1 \triangleq \dfrac{100\%}{31\,520}$ $21\,276 \triangleq \dfrac{100\% \cdot 21\,276}{31\,520}$ $21\,276 \triangleq 67,5\%$	$1\,250\,€ \triangleq 100\%$ $1\,€ \triangleq \dfrac{100\%}{1250}$ $60\,€ \triangleq \dfrac{100\% \cdot 60}{1250}$ $60\,€ \triangleq 4,8\%$

Einige Prozentsätze und ihre Anteile von G

1 %	2 %	2,5 %	4 %	5 %	10 %	12,5 %	20 %	25 %	$33,\overline{3}$ %	50 %	$66,\overline{6}$ %	75 %
$\frac{1}{100}$	$\frac{1}{50}$	$\frac{1}{40}$	$\frac{1}{25}$	$\frac{1}{20}$	$\frac{1}{10}$	$\frac{1}{8}$	$\frac{1}{5}$	$\frac{1}{4}$	$\frac{1}{3}$	$\frac{1}{2}$	$\frac{2}{3}$	$\frac{3}{4}$

Jahres-, Monats- und Tageszinsen

Beachte: Im deutschen Bankwesen wird ein Zinsjahr mit 360 Tagen und ein Monat mit 30 Tagen berechnet.

Jahreszinsen Z	Monatszinsen Z_m (für m Monate)	Tageszinsen Z_t (für t Tage)
$Z = \frac{p \cdot K}{100}$	$Z_m = \frac{p \cdot K \cdot m}{100 \cdot 12}$	$Z_t = \frac{p \cdot K \cdot t}{100 \cdot 360}$
Aus den berechneten Jahreszinsen können mit dem Dreisatz die entsprechenden Monats- und Tageszinsen berechnet werden.	*Zu berechnen sind die Zinsen für 380 € bei einem Zinssatz von 2,25 % für einen Zeitraum von 10 Monaten:* 12 Mon. $\triangleq Z = \frac{2,25 \cdot 380\,€}{100} = 8,55\,€$ 1 Monat $\triangleq \frac{Z}{12} = \frac{8,55\,€}{12} = 0,712\,€$ 10 Monate $\triangleq \frac{Z}{12} \cdot 10 = 7,12\,€$	*Zu berechnen sind die Zinsen für 500 € bei einem Zinssatz von 2 % für einen Zeitraum von 175 Tagen:* 360 Tage $\triangleq Z = \frac{2 \cdot 500\,€}{100} = 10\,€$ 1 Tag $\triangleq \frac{Z}{360} = \frac{10\,€}{360} = 0,02\overline{7}\,€$ 175 Tage $\triangleq \frac{Z}{360} \cdot 175 = 4,86\,€$

Zinseszins

Begriffe	Berechnung	Beispiel
Anfangskapital: K_0 Kapital nach n Jahren: K_n Zinssatz: p Zeit in Jahren: n Wachstumsfaktor (Zinsfaktor): q $q = 1 + \frac{p}{100}$	Wachstum des Kapitals nach einem Jahr: $K_1 = K_0 + K_0 \cdot \frac{p}{100} = K_0 \cdot \left(1 + \frac{p}{100}\right)$ nach zwei Jahren: $K_2 = K_0 \cdot \left(1 + \frac{p}{100}\right)^2$ nach n Jahren: $K_n = K_0 \cdot \left(1 + \frac{p}{100}\right)^n$	*980 € werden mit 4 % verzinst. Auf welchen Betrag ist das Guthaben nach 5 Jahren (nach 10 Jahren) angewachsen?* geg.: $K_0 = 980\,€$ ges.: K_5 $\quad\quad p = 4$ $\quad\quad n = 5$ *Lösung:* $K_n = K_0 \cdot \left(1 + \frac{p}{100}\right)^n$ $K_5 = 980\,€ \cdot \left(1 + \frac{4}{100}\right)^5$ $K_5 = 1192,32\,€$ $K_{10} = 980\,€ \cdot \left(1 + \frac{4}{100}\right)^{10}$ $K_{10} = 1450,64\,€$

Promillerechnung

Sehr kleine Anteile werden in Promille (‰) angegeben. Ein Ganzes sind 1000‰.	$1\,‰ = \dfrac{1}{1000} = 0{,}001$
Promillewert (W), Grundwert (G) und Promillesatz ($p\,‰$) lassen sich so wie bei der Prozentrechnung berechnen:	$W = \dfrac{G}{1000} \cdot p$ $G = \dfrac{W}{p} \cdot 1000$ $p = \dfrac{1000}{G} \cdot W$

Berechnungsbeispiele mit Dreisatz

Es sind 5‰ von 7 Liter zu berechnen:	*350 € entsprechen 2‰ einer Versicherungssumme. Wie hoch ist diese Versicherungssumme?*
$1000\,‰ = 7\,l$	$2\,‰ \mathrel{\widehat{=}} 350\,€$
$1\,‰ \mathrel{\widehat{=}} 0{,}007\,l = 7\,ml$	$1\,‰ \mathrel{\widehat{=}} 350\,€ : 2 = 175\,€$
$5\,‰ \mathrel{\widehat{=}} 7\,ml \cdot 5 = 35\,ml$	$1000\,‰ \mathrel{\widehat{=}} 175\,€ \cdot 1000 = 175\,000\,€$

Gleichungen und Ungleichungen

Termumformungen

Terme sind Rechenausdrücke, die aus Zahlen, Variablen, Operationszeichen (z. B. $+, -, \cdot, :$), Vorzeichen, Bruchstrichen, Potenzen, Klammern, Betragszeichen, Funktionssymbolen (z. B. $\sqrt{}$, sin) gebildet werden. Es dürfen keine Relationszeichen (z. B. $=, \geq, <$) vorkommen.

Auflösen von Klammern	$a + (b + c) = a + b + c$ $a - (b + c) = a - b - c$	$a + (b - c) = a + b - c$ $a - (b - c) = a - b + c$
Ausmultiplizieren und Dividieren	Jeder Summand wird mit dem Faktor multipliziert bzw. dividiert.	Jeder Summand der einen Summe wird mit jedem Summanden der anderen Summe multipliziert.
	$a \cdot (b + c) = a \cdot b + a \cdot c$	$(a + b) \cdot (c + d) = a \cdot c + a \cdot d + b \cdot c + b \cdot d$
	$a \cdot (b - c) = a \cdot b - a \cdot c$	$(a - b) \cdot (c - d) = a \cdot c - a \cdot d - b \cdot c + b \cdot d$
	$(a + b) : c = \dfrac{a}{c} + \dfrac{b}{c}$	$(a + b) \cdot (c - d) = a \cdot c - a \cdot d + b \cdot c - b \cdot d$
	$(a - b) : c = \dfrac{a}{c} - \dfrac{b}{c}$	$(a - b) \cdot (c + d) = a \cdot c + a \cdot d - b \cdot c - b \cdot d$
Binomische Formeln	$(a + b)^2 = (a + b) \cdot (a + b) = a^2 + 2 \cdot a \cdot b + b^2$	
	$(a - b)^2 = (a - b) \cdot (a - b) = a^2 - 2 \cdot a \cdot b + b^2$	
	$(a + b) \cdot (a - b) = a^2 - b^2$	
	Beachte: $\quad (-a - b)^2 = (a + b)^2$	
	$\qquad\qquad\ (-a + b)^2 = (b - a)^2 = (a - b)^2$	

Äquivalente Umformungen von Gleichungen und Ungleichungen

Gleichungen bestehen aus zwei Termen, die durch ein Gleichheitszeichen verbunden sind, Ungleichungen bestehen aus zwei Termen, die durch ein Relationszeichen ($>$, $<$, $\geq$, $\leq$) verbunden sind.

	Gleichung	Ungleichung
Additions- und Subtraktionsregel Auf beiden Seiten einer Gleichung (Ungleichung) darf der gleiche Term addiert bzw. subtrahiert werden.	$x - b = c \qquad \vert + b$ $x \quad = c + b$ $x + b = c \qquad \vert - b$ $x \quad = c - b$	$x - b < c \qquad \vert + b$ $x \quad < c + b$ $x + b > c \qquad \vert - b$ $x \quad > c - b$ Das Relationszeichen bleibt jeweils gleich.
Multiplikationsregel Beide Seiten einer Gleichung (Ungleichung) dürfen mit dem gleichen Term ($\neq 0$) multipliziert werden.	$x : a = c \qquad \vert \cdot a$ $x \quad = c \cdot a$ $(a \neq 0)$	für $a > 0$: $x : a < c \qquad \vert \cdot a$ $x \quad < c \cdot a$ Das Relationszeichen bleibt gleich. für $a < 0$: $x : a < c \qquad \vert \cdot a$ $x \quad > c \cdot a$ Das Relationszeichen wird umgekehrt.
Divisionsregel Beide Seiten einer Gleichung (Ungleichung) dürfen durch den gleichen Term ($\neq 0$) dividiert werden.	$x \cdot a = c \qquad \vert : a$ $x \quad = c : a$ $(a \neq 0)$	für $a > 0$: $x \cdot a > c \qquad \vert : a$ $x \quad > c : a$ Das Relationszeichen bleibt gleich. für $a < 0$: $x \cdot a > c \qquad \vert : a$ $x \quad < c \cdot a$ Das Relationszeichen wird umgekehrt.
Vertauschen der Seiten	Die Seiten einer Gleichung können vertauscht werden. $x - b = c \qquad c = x - b$	Werden die Seiten einer Ungleichung vertauscht, so werden die Relationszeichen umgekehrt. $x - b > c \qquad c < x - b$

Umformungen von Bruchgleichungen (Variable kommt im Nenner vor)

$c = \dfrac{a}{x} + b \qquad \mid \cdot x$	$c = \dfrac{a}{x} - b \qquad \mid \cdot x$	$c = \dfrac{a}{x} + \dfrac{b}{x} \qquad \mid \cdot x$	$c = \dfrac{a}{x} - \dfrac{b}{x} \qquad \mid \cdot x$
$c \cdot x = a + b \cdot x \quad \mid -b \cdot x$	$c \cdot x = a - b \cdot x \quad \mid +b \cdot x$	$c \cdot x = a + b \qquad \mid : c$	$c \cdot x = a - b \qquad \mid : c$
$c \cdot x - b \cdot x = a$	$c \cdot x + b \cdot x = a$	$x = \dfrac{a+b}{c}$	$x = \dfrac{a-b}{c}$
$x \cdot (c - b) = a \quad \mid :(c-b)$	$x \cdot (c + b) = a \quad \mid :(c+b)$		
$x = \dfrac{a}{c-b}$	$x = \dfrac{a}{c+b}$		

Lineare Gleichungen

Gleichungen, in denen die Variable x nur in der ersten Potenz $x^1 = x$ auftritt, heißen lineare Gleichungen. Die Variable x darf nicht im Nenner stehen.

Lineare Gleichungen mit einer Variablen	*allgemeine Form:* $\quad ax + b = 0$, wobei a, b, konstant und $a \neq 0$
	Lösung: $\qquad x = -\dfrac{b}{a}$ bzw. $L = \left\{-\dfrac{b}{a}\right\}$
	$\begin{aligned} 6x - 7 &= 17 \quad \mid +7 \\ 6x &= 24 \quad \mid :6 \\ x &= 4 \\ L &= \{4\} \end{aligned} \qquad\qquad \begin{aligned} -\tfrac{x}{5} + 8 &= 13 \quad \mid -8 \\ -\tfrac{x}{5} &= 5 \quad \mid \cdot(-5) \\ x &= -25 \\ L &= \{-25\} \end{aligned}$
Lineare Gleichungen mit zwei Variablen	*allgemeine Form:* $\quad ax + by = c$, wobei a, b, c konstant und $a \neq 0$, $b \neq 0$
	Lösungsmenge: $\quad L = \left\{(x|y) \,\middle|\, y = -\dfrac{a}{b}x + \dfrac{c}{b}\right\}$
	Alle Lösungen liegen auf ein und derselben Geraden
	Gesucht ist die Lösungsmenge der Gleichung $3x + 4y - 7 = 0$
	Äquivalente Umformung: $\begin{aligned} 3x + 4y - 7 &= 0 \quad \mid -3x + 7 \\ 4y &= -3x + 7 \quad \mid :4 \\ y &= -\tfrac{3}{4}x + \tfrac{7}{4} \end{aligned}$
	Lösungsmenge: $\qquad\qquad\qquad$ Beispiele für Lösungspaare: $L = \left\{(x|y) \,\middle|\, x \in \mathbb{R},\; y = -\tfrac{3}{4}x + \tfrac{7}{4}\right\} \qquad (1|1);\ (2|0{,}25)$

Lineare Gleichungssysteme (LGS) mit zwei Variablen

allgemeine Form	(I) $\quad a_1 x + b_1 y = c_1$	
	(II) $\quad a_2 x + b_2 y = c_2$	$a_1, a_2, b_1, b_2, c_1, c_2$ konstant
Lösungsformeln	$x = \dfrac{c_1 b_2 - c_2 b_1}{a_1 b_2 - a_2 b_1}$ $\qquad y = \dfrac{a_1 c_2 - a_2 c_1}{a_1 b_2 - a_2 b_1}$ $\quad (a_1 b_2 - a_2 b_1 \neq 0)$	
	Lösungsmenge ist die Schnittmenge der Lösungsmengen beider Gleichungen	

Rechnerisches Lösen linearer Gleichungssysteme

Einsetzungsverfahren:	(I) $\quad x - y = 5$	(I) Auflösen nach x:
	(II) $\quad 5x + y = 9$	
1. Eine Gleichung nach einer Variablen auflösen.	(I') $\quad x = y + 5$	Einsetzen in (II):
2. Term für diese Variable in die andere Gleichung einsetzen.	(II') $\quad 5(y + 5) + y = 9$	Umformen und Lösung für y ermitteln:
3. Durch Anwenden der Umformungsregeln Lösung für die zweite Variable ermitteln.	$y = -\dfrac{8}{3}$	Wert für y in (I') einsetzen:
4. Lösung in die erste Gleichung einsetzen und zweite Variable ermitteln.	(I') $\quad x = -\dfrac{8}{3} + 5$	
	$x = \dfrac{7}{3}$	$L = \left\{ \left(\dfrac{7}{3} \middle| -\dfrac{3}{8} \right) \right\}$
Gleichsetzungsverfahren	(I) $\quad y = 4x + 5$	Beide Gleichungen sind bereits nach y umgestellt.
	(II) $\quad y = -2x - 1$	Gleichsetzen der Terme für y:
1. Beide Gleichungen nach der gleichen Variablen auflösen.		
2. Entstehende Terme gleichsetzen.	$4x + 5 = -2x - 1$	Auflösen nach x:
3. Durch Anwenden der Umformungsregeln Lösung für die zweite Variable ermitteln.	$x = -1$	Wert von x in (I) einsetzen und Lösung von y ermitteln:
4. Lösung in die erste Gleichung einsetzen und erste Variable ermitteln.	(I') $\quad y = 4 \cdot (-1) + 5$	
	$y = 1$	$L = \{(-1 \mid 1)\}$
Additionsverfahren	(I) $\quad 5x - y = 5$	Gleichung (I) mit 3 multiplizieren, damit der Koeffizient von y gleich -3 ist:
	(II) $\quad 2x + 3y = 8$	
1. Eine Gleichung auf beiden Seiten mit einer Zahl ($\neq 0$) multiplizieren, sodass in beiden Gleichungen die Koeffizienten vor einer der beiden Variablen dem Betrage nach gleich, ihre Vorzeichen aber verschieden sind.	(I') $\quad 15x - 3y = 15$	
	(II') $\quad \underline{2x + 3y = 8}$	Addieren von (I') und (II'):
	$\quad 17x = 23$	
2. Addition der Gleichungen ergibt neue Gleichung mit nur einer Variablen.	$x = \dfrac{23}{17}$	Wert von x in (I) einsetzen und Lösung von y ermitteln:
3. Durch Anwenden der Umformungsregeln Lösung für die zweite Variable ermitteln.	$5 \cdot \dfrac{23}{17} - y = 5$	
4. Lösung in die erste Gleichung einsetzen und erste Variable ermitteln.	$y = \dfrac{30}{17}$	$L = \left\{ \left(\dfrac{23}{17} \middle| \dfrac{30}{17} \right) \right\}$

Grafisches Lösen linearer Gleichungssysteme

Das LGS hat *genau eine Lösung,* wenn die Geraden einander schneiden.	Das LGS hat *keine Lösung,* wenn die Geraden parallel verlaufen.	Das LGS hat *unendlich viele Lösungen,* wenn die Geraden zusammenfallen.
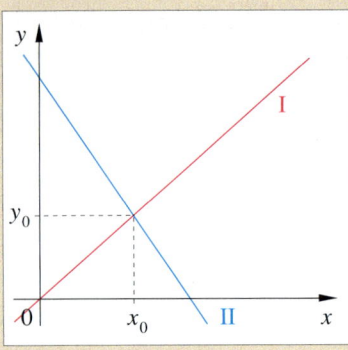	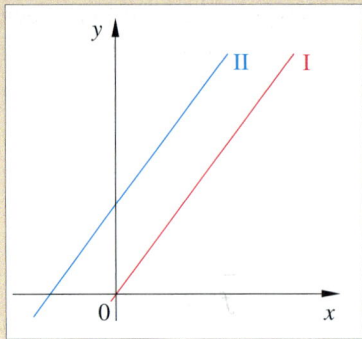	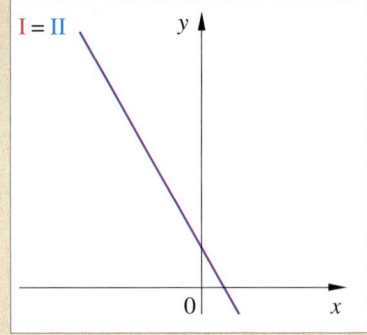

Quadratische Gleichungen

Gleichungen, in denen die Variable x im Quadrat (x^2) vorkommt, heißen quadratische Gleichungen. Die Variable x darf dabei nicht im Nenner stehen. Jede quadratische Gleichung kann man durch äquivalentes Umformen in die allgemeine Form einer quadratischen Gleichung bringen.

allgemeine Form	$a x^2 + b x + c = 0$ wobei a, b, c konstant und $a \neq 0$
Normalform	$x^2 + p x + q = 0$ wobei p und q konstant
Lösungsformel	$x_{1,2} = -\dfrac{p}{2} \pm \sqrt{\left(\dfrac{p}{2}\right)^2 - q}$ sind Lösungen von $x^2 + p x + q = 0$ falls $\left(\dfrac{p}{2}\right)^2 - q \geq 0$
Diskriminante	$D = \left(\dfrac{p}{2}\right)^2 - q,$ daher gilt: $x_{1,2} = -\dfrac{p}{2} \pm \sqrt{D}$
Anzahl der Lösungen	Falls $D > 0$: zwei Lösungen, $x_1 = -\dfrac{p}{2} + \sqrt{\left(\dfrac{p}{2}\right)^2 - q}$ und $x_2 = -\dfrac{p}{2} - \sqrt{\left(\dfrac{p}{2}\right)^2 - q}$ Falls $D = 0$: genau eine Lösung, $x_1 = x_2 = -\dfrac{p}{2}$ Falls $D < 0$: keine Lösung im Bereich der rellen Zahlen
Satz von Vieta	Für die Lösungen x_1, x_2 einer quadratischen Gleichung $x^2 + p x + q = 0$ gilt: $x_1 + x_2 = -p$ und $x_1 \cdot x_2 = q$
Zerlegung in Linearfaktoren	Für die Lösungen x_1, x_2 einer quadratischen Gleichung $x^2 + p x + q = 0$ gilt: $x^2 + p x + q = (x - x_1) \cdot (x - x_2)$
Sonderfälle und ihre Lösungen	$\left. \begin{array}{l} x^2 + p x = 0 \\ x(x+p) = 0 \end{array} \right\| \left\{ \begin{array}{l} x_1 = 0 \\ x_2 = -p \end{array} \right.$ $\left. \begin{array}{l} x^2 + q = 0 \ (q \neq 0) \end{array} \right\| \left\{ \begin{array}{l} x_1 = \sqrt{-q} \\ x_2 = -\sqrt{-q} \end{array} \right.$

Funktionen

Grundbegriffe

Funktionsbegriff	Eine Funktion ist eine eindeutige Zuordnung (siehe Seite 21), bei der je einem Element der Menge M_1 (Definitionsbereich) genau ein Element der Menge M_2 (Wertebereich) zugeordnet wird.
Definitionsbereich (DB)	Menge M_1, die Elemente von M_1 heißen **Argumente** der Funktion, $x \in M_1$
Wertebereich (WB)	Menge M_2, die Elemente von M_2 heißen **Funktionswerte** der Funktion, $y \in M_2$
Zuordnungs- vorschrift	$y = f(x)$ (lies: y gleich f von x)

Funktions- darstellung	*Funktionsgleichung:* Gleichung mit Variablen x ($x \in DB$) und der Variablen y ($y \in WB$) $y = f(x) = 3 \cdot x + 1$	*Wortvorschrift:* Die Funktion wird mit Worten beschrieben. Den Zahlen aus dem Definitionsbereich wird das Dreifache, vermehrt um 1, zugeordnet.

Menge geordneter Paare:

Menge der Zahlenpaare $(x; y)$, die die Funktionsgleichung erfüllen.

$\{(-2|-5), (-1|-2), (0|1), (1|4), (2|7) \dots\}$

Wertetabelle:

Darstellung der Zahlenpaare in einer Tabelle

x	-2	-1	0	1	2	3	4
y	-5	-2	1	4	7	10	13

grafische Darstellung:

zeichnerische Darstellung der Zuordnung als Schaubild oder als Graph in einem Koordinatensystem

Pfeildiagramm

Bezeichnungen am Koordinatensystem

Koordinatenachsen	zwei senkrecht aufeinander stehende Zahlengeraden
x-Achse	Abszissenachse (Rechtsachse)
y-Achse	Ordinatenachse (Hochachse)
Koordinaten	Jedem geordneten Zahlenpaar wird ein Punkt im Koordinatensystem zugeordnet. Die erste Koordinate eines Punktes heißt Abszisse (x-Wert). Die zweite Koordinate eines Punktes heißt Ordinate (y-Wert). Schreibweise: $P(1\|4)$
Koordinatenursprung	Schnittpunkt der beiden Koordinatenachsen; Punkt $(0\|0)$
Einzeichnen von Punkten $P_1(2\|2)$, $P_2(-3\|-1)$	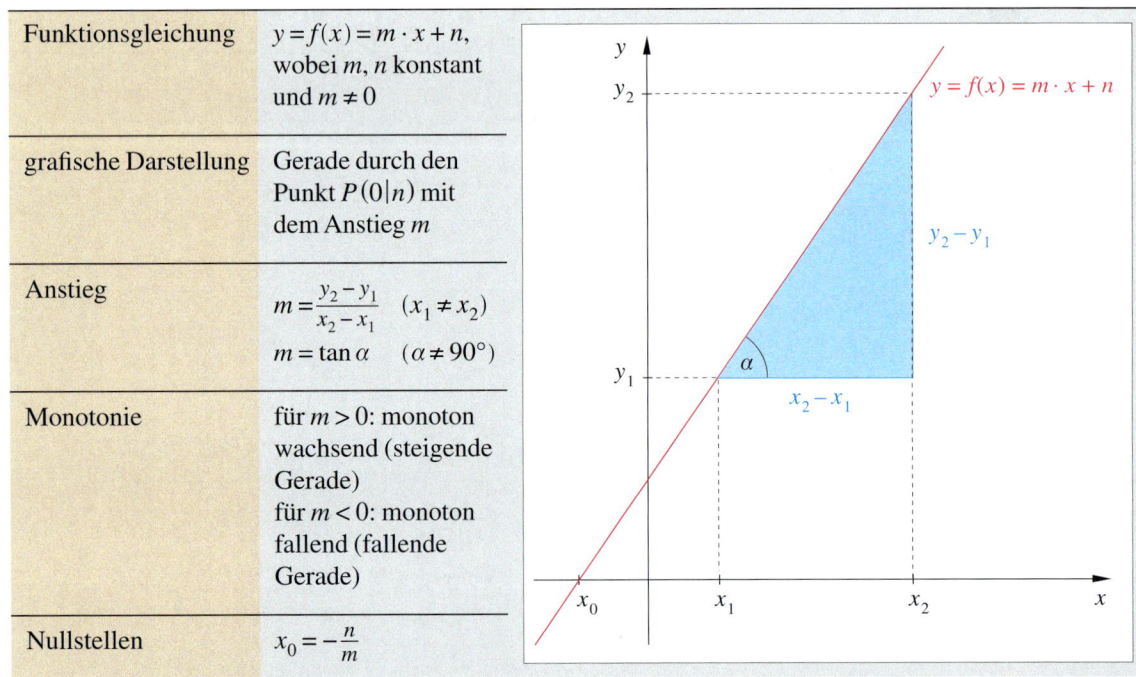

Lineare Funktionen

Funktionsgleichung	$y = f(x) = m \cdot x + n$, wobei m, n konstant und $m \neq 0$
grafische Darstellung	Gerade durch den Punkt $P(0\|n)$ mit dem Anstieg m
Anstieg	$m = \dfrac{y_2 - y_1}{x_2 - x_1} \quad (x_1 \neq x_2)$ $m = \tan\alpha \quad (\alpha \neq 90°)$
Monotonie	für $m > 0$: monoton wachsend (steigende Gerade) für $m < 0$: monoton fallend (fallende Gerade)
Nullstellen	$x_0 = -\dfrac{n}{m}$

Konstante Funktionen

Funktions-gleichung ($m = 0$)	$y = f(x) = n$	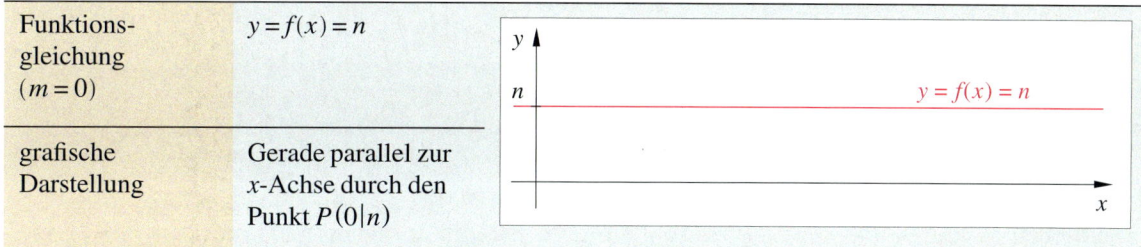
grafische Darstellung	Gerade parallel zur x-Achse durch den Punkt $P(0\,|\,n)$	

Quadratische Funktionen – allgemeine Form

Quadratische Funktionen haben als höchsten Exponenten im Funktionsterm die 2.
Der Definitionsbereich aller quadratischen Funktionen ist die Menge $\mathbb{R}$.

Funktions-gleichung	$y = f(x) = a x^2 + b x + c$ wobei a; b; c konstant und $a \neq 0$ $a x^2$: quadratisches Glied $b x$: lineares Glied c: absolutes Glied	*Bestimmen des Scheitelpunktes* $y = 2x^2 - 4x - 2$ |2 ausklammern $y = 2(x^2 - 2x - 1)$ |quadratische Ergänzung $y = 2(x^2 - 2x - 1 - 1 + 1)$ |Zusammenfassen $y = 2[(x-1)^2 - 2]$ |Ausmultiplizieren
Scheitelpunkt	$S\left(-\dfrac{b}{2a}\ \middle	\ \dfrac{4ac - b^2}{4a}\right)$	$y = 2(x-1)^2 - 4$ (Scheitelpunktform)
Nullstellen (falls $b^2 - 4ac \geq 0$)	$x_{1,2} = -\dfrac{b}{2a} \pm \sqrt{\dfrac{b^2 - 4ac}{4a^2}}$	*Scheitelpunkt:* $S(1\,	-4)$ *Graph:*
Scheitelpunktform	$y = f(x) = a(x + d)^2 + e$ wobei a, d, e konstant und $a \neq 0$ *Scheitelpunkt:* $S(-d\,	\,e)$ *Nullstellen:* $x_{1,2} = -d \pm \sqrt{-\dfrac{e}{a}}$	

Graph	*Parabel*
	
	 $a > 1$: nach oben offen;
	          Streckung in y-Richtung
	
	 $a = 1$: nach oben offen;
	          Normalparabel;
	
	 $0 < a < 1$: nach oben offen;
	               Stauchung in y-Richtung
	
	 $a < 0$: nach unten geöffnet	

Quadratische Funktionen – Normalform

Funktionsgleichung	$y = f(x) = x^2 + px + q$ wobei p und q konstant	*Bestimmen der Nullstellen* $y = x^2 - \dfrac{5}{3}x - \dfrac{4}{15}$
Scheitelpunkt	$S\left(-\dfrac{p}{2}\middle|-\dfrac{p^2}{4}+q\right)$	$x_{1,2} = \dfrac{5}{6} \pm \sqrt{\dfrac{25}{36}+\dfrac{4}{15}} = \dfrac{5}{6} \pm \sqrt{\dfrac{173}{180}}$
Nullstellen	$x_{1,2} = -\dfrac{p}{2} \pm \sqrt{\dfrac{p^2-4q}{4}}$ bzw. $x_{1,2} = -\dfrac{p}{2} \pm \sqrt{\left(\dfrac{p}{2}\right)^2 - q}$	$x_{1,2} = 0{,}83 \pm 0{,}98$ $x_1 = 1{,}81;\ x_2 = -0{,}15$ $L = \{\,1{,}81 \mid -0{,}15\,\}$
Diskriminante	$D = \dfrac{p^2}{4} - q$ $D > 0$: 2 Nullstellen $D = 0$: genau eine Nullstelle $D < 0$: keine Nullstelle	*Graph:*
Scheitelpunktform	$y = f(x) = (x+d)^2 + e$ wobei d und e konstant *Scheitelpunkt:* $S(-d \mid e)$ *Nullstellen:* $x_{1,2} = -d \pm \sqrt{-e}$	
Graph	*Normalparabel* $d > 0$: Verschiebung in negative x-Richtung (nach links) $d < 0$: Verschiebung in positive x-Richtung (nach rechts) $e > 0$: Verschiebung in positive y-Richtung (nach oben) $e < 0$: Verschiebung in negative y-Richtung (nach unten)	
Sonderfälle	$p = 0;\ q = 0\ \Leftrightarrow\ y = x^2;\ S(0\mid0)$	$e = 0\ \Leftrightarrow\ y = (x+d)^2;\ S(-d\mid0)$

Winkelfunktionen

Definition der Winkelfunktionen am Kreis

Schneidet der freie Schenkel des Winkels mit der Größe x den Kreis im Punkt $P(u|v)$, so sind folgende Winkelfunktionen definiert:

$y = \sin x \qquad \sin x = \dfrac{v}{r}$

$y = \cos x \qquad \cos x = \dfrac{u}{r}$

$y = \tan x \qquad \tan x = \dfrac{v}{u} \qquad \left(x \neq \dfrac{\pi}{2} + k \cdot \pi\right)$

$\qquad\qquad\quad \tan x = \dfrac{\sin x}{\cos x}$

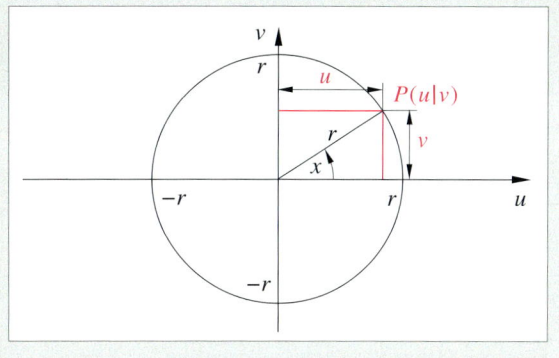

Seiten-Winkel-Beziehung im rechtwinkligen Dreieck

Die Hypotenuse ist die Seite, die dem rechten Winkel gegenüberliegt (siehe S. 49).
Die **Gegenkathete** zu einem Winkel ist die Kathete, die diesem Winkel gegenüberliegt.
Die **Ankathete** zu einem Winkel ist die diesem Winkel benachbarte Kathete.

Im rechtwinkligen Dreieck ABC mit $\gamma = 90°$ gilt:

$\sin \alpha = \dfrac{a}{c} \quad \left(\dfrac{Gegenkathete}{Hypotenuse}\right)$

$\cos \alpha = \dfrac{b}{c} \quad \left(\dfrac{Ankathete}{Hypotenuse}\right)$

$\tan \alpha = \dfrac{a}{b} \quad \left(\dfrac{Gegenkathete}{Ankathete}\right)$

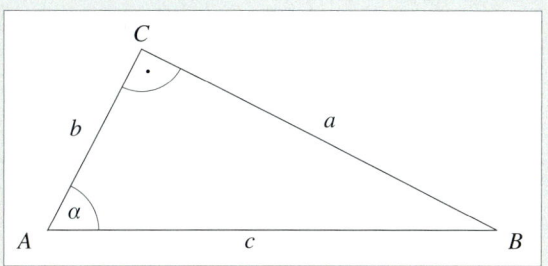

Berechnungen in rechtwinkligen Dreiecken

Berechnung der Länge einer Kathete	*Berechnung der Länge der Hypotenuse*
geg.: rechtwinkliges Dreieck ABC $c = 3{,}5\,\text{cm}$ $\alpha = 55°$	geg.: rechtwinkliges Dreieck ABC $a = 2{,}2\,\text{cm}$ $\beta = 52°$
ges.: a	ges.: c

Berechnung der Länge einer Kathete

ges.: a

Lösung: $\text{Sinus} = \dfrac{Gegenkathete}{Hypotenuse}$

$\sin \alpha = \dfrac{a}{c} \quad | \cdot c$

$a = c \cdot \sin \alpha$

$a = 3{,}5\,\text{cm} \cdot \sin 55°$

$a = 3{,}5\,\text{cm} \cdot 0{,}82 \approx 2{,}9\,\text{cm}$

Berechnung der Länge der Hypotenuse

ges.: c

Lösung: $\text{Kosinus} = \dfrac{Ankathete}{Hypotenuse}$

$\cos \beta = \dfrac{a}{c} \quad | \cdot c$

$c \cdot \cos \beta = a \quad | : \cos \beta$

$c = \dfrac{a}{\cos \beta}$

$c = \dfrac{2{,}2\,\text{cm}}{\cos 52°} \approx \dfrac{2{,}2\,\text{cm}}{0{,}62} \approx 3{,}6\,\text{cm}$

Spezielle Funktionswerte der Winkelfunktionen

x	0	$\frac{\pi}{6}$	$\frac{\pi}{4}$	$\frac{\pi}{3}$	$\frac{\pi}{2}$	$\frac{2\pi}{3}$	$\frac{3\pi}{4}$	$\frac{5\pi}{6}$	π	$\frac{5\pi}{4}$	$\frac{3\pi}{2}$	2π
	0°	30°	45°	60°	90°	120°	135°	150°	180°	225°	270°	360°
$\sin x$	0	$\frac{1}{2}$	$\frac{1}{2}\sqrt{2}$	$\frac{1}{2}\sqrt{3}$	1	$\frac{1}{2}\sqrt{3}$	$\frac{1}{2}\sqrt{2}$	$\frac{1}{2}$	0	$-\frac{1}{2}\sqrt{2}$	-1	0
$\cos x$	1	$\frac{1}{2}\sqrt{3}$	$\frac{1}{2}\sqrt{2}$	$\frac{1}{2}$	0	$-\frac{1}{2}$	$-\frac{1}{2}\sqrt{2}$	$-\frac{1}{2}\sqrt{3}$	-1	$-\frac{1}{2}\sqrt{2}$	0	1
$\tan x$	0	$\frac{1}{3}\sqrt{3}$	1	$\sqrt{3}$	–	$-\sqrt{3}$	-1	$-\frac{1}{3}\sqrt{3}$	0	1	–	0

Steigung (Gefälle)

Der Anstieg (Steigung bzw. Gefälle) ist als Verhältnis von Höhenunterschied h zu Horizontalentfernung e festgelegt: $m = \frac{h}{e}$

Der Anstieg wird durch eine Verhältniszahl oder in Prozent angegeben.

$h = 1\,\text{m}, \quad e = 10\,\text{m}; \quad m = \frac{1}{10} \quad m = 10\,\%$

Berechnung des Steigungswinkels α:

$\tan\alpha = \frac{h}{e} = \frac{1}{10}$

$\alpha = 5{,}7°$

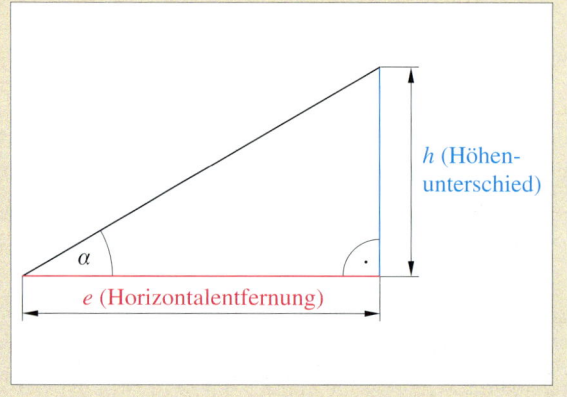

h (Höhenunterschied)

α

e (Horizontalentfernung)

Maßstab

Der Maßstab ist das Verhältnis (der Quotient) einer Strecke in der Zeichnung zur zugehörigen Strecke im Original (in der Wirklichkeit).

Verkleinerung der Zeichnung	
$M = 1 : 10$	Zeichnungsgröße beträgt $\frac{1}{10}$ der wirklichen Länge.
$M = 1 : 300\,000$	1 cm auf der Landkarte entspricht 300 000 cm (= 3 km) in Wirklichkeit.

Vergrößerung der Zeichnug	
$M = 10 : 1$	Zeichnungsgröße beträgt das 10-fache der wirklichen Länge.

Raum und Form

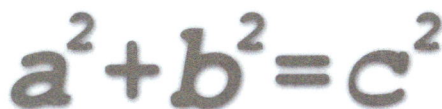

Punkt, Gerade, Strecke und Winkel

Bezeichnungen und Begriffe

Ein **Punkt** wird mit einem großen Buchstaben bezeichnet.	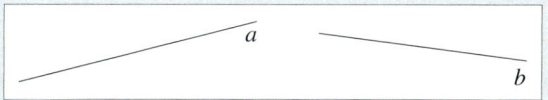
Eine **Gerade** ist eine gerade Linie und hat keinen Anfangspunkt und keinen Endpunkt. Sie wird mit einem kleinen Buchstaben bezeichnet.	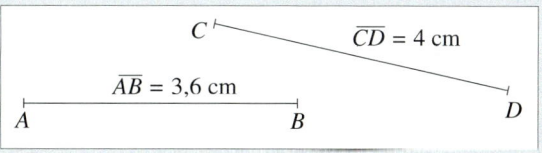
Eine **Strecke** ist eine gerade Linie mit Begrenzungspunkten. Diese Begrenzungspunkte werden mit großen Buchstaben bezeichnet. Die Strecke hat eine messbare Länge.	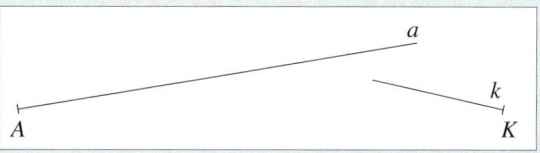
Der **Strahl** (Halbgerade) ist eine gerade Linie und besitzt einen Anfangspunkt aber keinen Endpunkt. Der Anfangspunkt wird mit einem großen Buchstaben und der Strahl selbst mit einem kleinen Buchstaben bezeichnet.	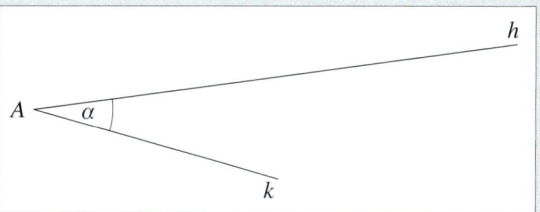
Ein **Winkel** wird durch zwei Strahlen mit einem gemeinsamen Anfangspunkt gebildet. Den gemeinsamen Anfangspunkt nennt man **Scheitelpunkt** des Winkels. Die beiden Strahlen heißen **Schenkel**. Winkel werden mit kleinen griechischen Buchstaben bezeichnet. (siehe griechisches Alphabet, S. 6)	

A liegt auf der Geraden *g*. *B* liegt nicht auf der Geraden *g*.	
Geraden können sich in einem Punkt schneiden. *P* ist dann der **Schnittpunkt** der beiden Geraden.	
Zwei sich schneidende Geraden können auch **senkrecht zueinander** stehen. Sie schneiden sich unter einem rechten Winkel ($\alpha = 90°$). $g \perp h$	
Zwei Geraden schneiden sich nicht. Man sagt auch, sie sind zueinander **parallel**. $g \parallel h$	

Konstruktion senkrechter und paralleler Geraden mit dem Geodreieck

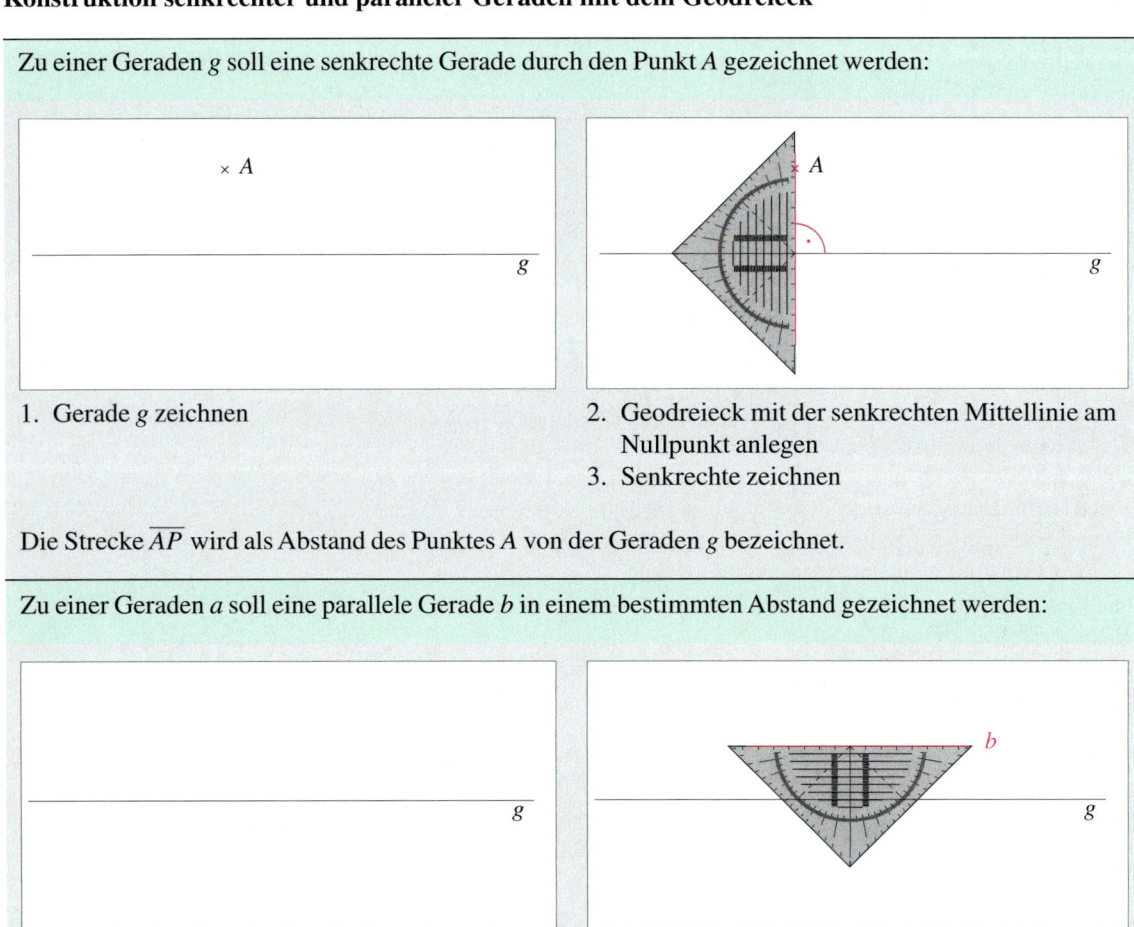

Zu einer Geraden *g* soll eine senkrechte Gerade durch den Punkt *A* gezeichnet werden:

1. Gerade *g* zeichnen

2. Geodreieck mit der senkrechten Mittellinie am Nullpunkt anlegen
3. Senkrechte zeichnen

Die Strecke $\overline{AP}$ wird als Abstand des Punktes *A* von der Geraden *g* bezeichnet.

Zu einer Geraden *a* soll eine parallele Gerade *b* in einem bestimmten Abstand gezeichnet werden:

1. Gerade *g* zeichnen

2. Geodreieck mit dem Abstandsmaß anlegen
3. Zeichnen der Geraden *b*

Einteilung der Winkel

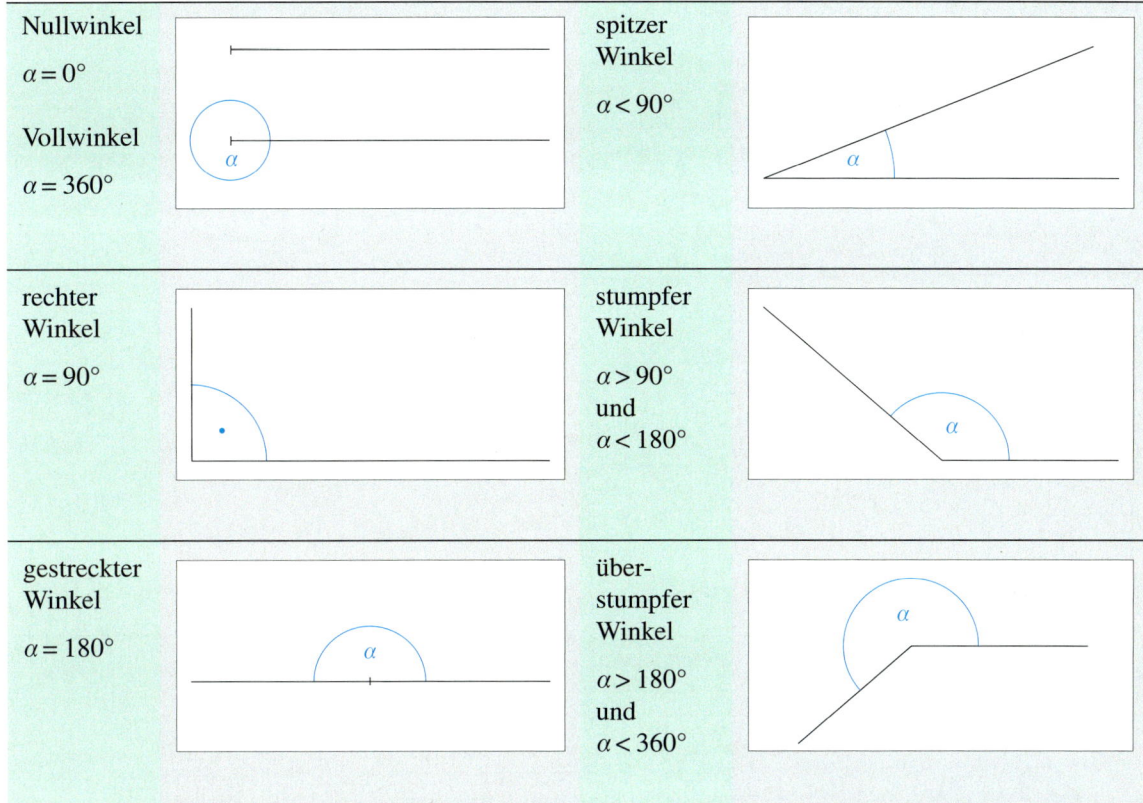

Nullwinkel
$\alpha = 0°$

Vollwinkel
$\alpha = 360°$

spitzer Winkel
$\alpha < 90°$

rechter Winkel
$\alpha = 90°$

stumpfer Winkel
$\alpha > 90°$
und
$\alpha < 180°$

gestreckter Winkel
$\alpha = 180°$

über-stumpfer Winkel
$\alpha > 180°$
und
$\alpha < 360°$

Zeichnen von Winkeln mit dem Geodreieck

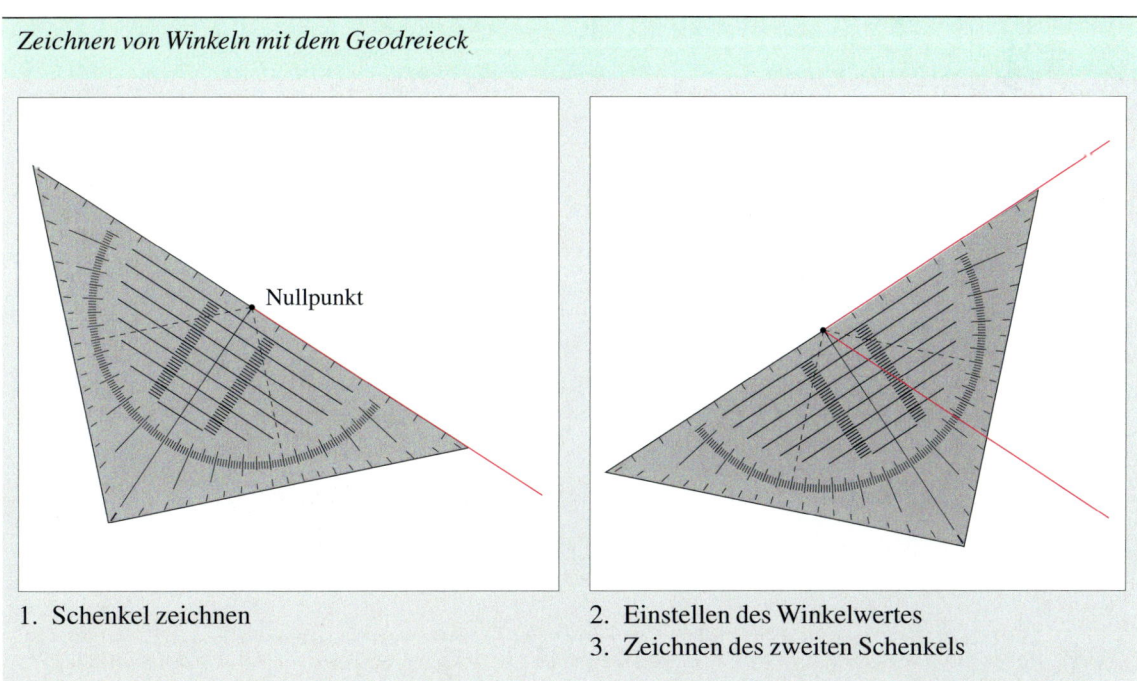

Zeichnen von Winkeln mit dem Geodreieck

Nullpunkt

1. Schenkel zeichnen

2. Einstellen des Winkelwertes
3. Zeichnen des zweiten Schenkels

Messen von Winkeln mit dem Geodreieck

Winkel ist kleiner als 180°

$\alpha = 150°$ $\qquad\qquad$ $\beta = 60°$

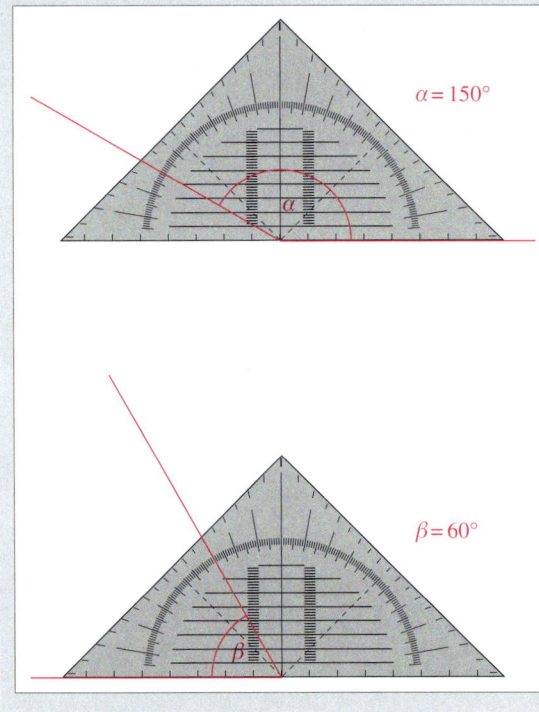

Winkel ist größer als 180°

$\gamma = 180° +$ abgelesener Wert

Beispiel: $\quad \gamma = 180° + 45°$
$\qquad\qquad\quad \gamma = 225°$

Winkelpaare

Winkelpaare an sich schneidenden Geraden		Winkelpaare an geschnittenen Parallelen		
Nebenwinkel	Scheitelwinkel	Stufenwinkel	Wechselwinkel	entgegengesetzt liegende Winkel
$\alpha + \beta = 180°$	$\alpha = \gamma$	$\alpha = \beta;\ \gamma = \delta$	$\alpha = \beta;\ \gamma = \delta$	$\alpha + \delta = 180°$

Geometrische Grundkonstruktionen mit Zirkel und Geodreieck

Konstruktion des Mittelpunktes und der Mittelsenkrechten einer Strecke

Mittelpunkt einer Strecke

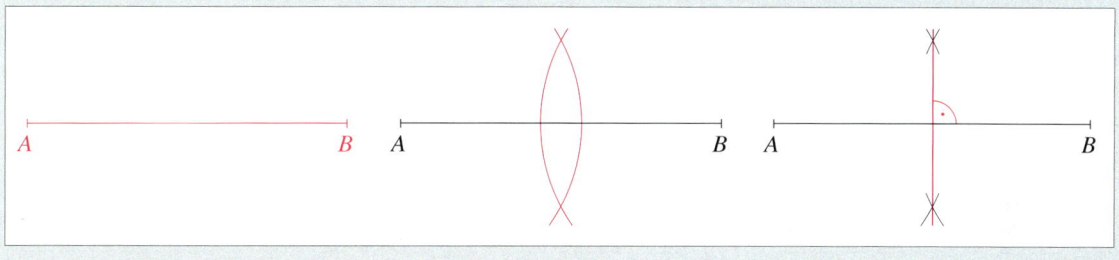

1. Strecke $\overline{AB}$

2. Zeichnen von Kreisbögen um *A* und *B* mit einer Zirkelspanne, die größer als die halbe Strecke ist.

3. Verbinden der Schnittpunkte der Kreisbögen; Schnittpunkt mit der Strecke $\overline{AB}$ ist der Mittelpunkt der Strecke.

Mittelsenkrechte, Variante 1: Mit Zirkel und Dreieck

Die Konstruktion wird wie bei der Konstruktion des Mittelpunktes einer Strecke durchgeführt. Durch die Schnittpunkte wird eine Gerade gelegt.

Mittelsenkrechte, Variante 2: Mit dem Geodreieck

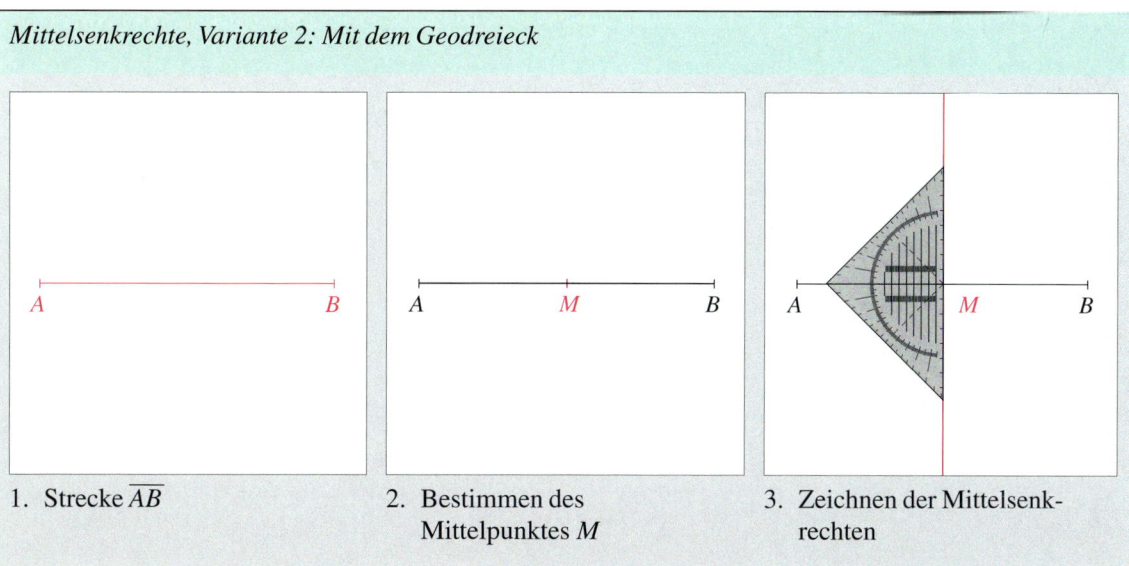

1. Strecke $\overline{AB}$

2. Bestimmen des Mittelpunktes *M*

3. Zeichnen der Mittelsenkrechten

Konstruktion einer Winkelhalbierenden

Winkelhalbierende mit dem Zirkel und Dreieck

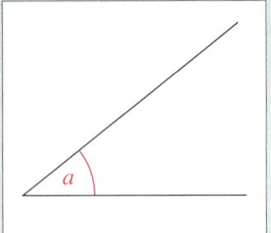 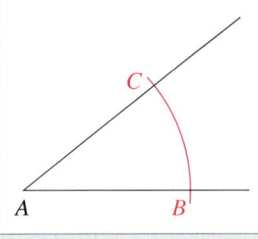 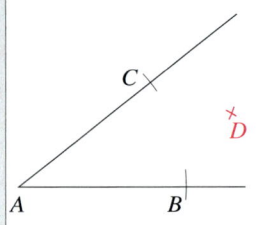 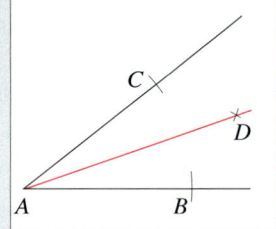

1. gegebener Winkel

2. Kreisbogen um den Scheitelpunkt A zeichnen

3. Kreisbögen um B und C mit demselben Radius zeichnen

4. Schnittpunkt D der Kreisbögen mit dem Scheitelpunkt A verbinden

Geometrische Abbildungen und Ähnlichkeit

Strahlensätze

Werden zwei Strahlen mit gemeinsamen Anfangspunkt von zwei parallelen Geraden geschnitten, dann verhalten sich die Abschnitte auf dem einen Strahl wie die gleichliegenden Abschnitte auf dem anderen. **(1. Strahlensatz)**

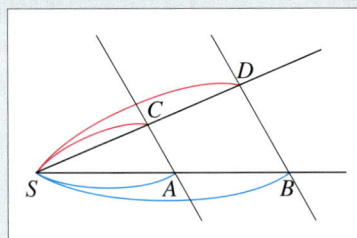 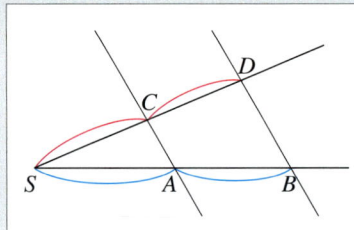 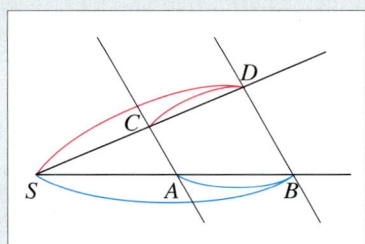

$$\frac{\overline{SA}}{\overline{SB}} = \frac{\overline{SC}}{\overline{SD}}$$ $$\frac{\overline{SA}}{\overline{AB}} = \frac{\overline{SC}}{\overline{CD}}$$ $$\frac{\overline{SB}}{\overline{AB}} = \frac{\overline{SD}}{\overline{CD}}$$

Werden zwei Strahlen mit gemeinsamen Anfangspunkt von zwei parallelen Geraden geschnitten, dann verhalten sich die Parallelenabschnitte zueinander wie die zugehörigen Strahlenabschnitte ein und desselben Strahls. **(2. Strahlensatz)**

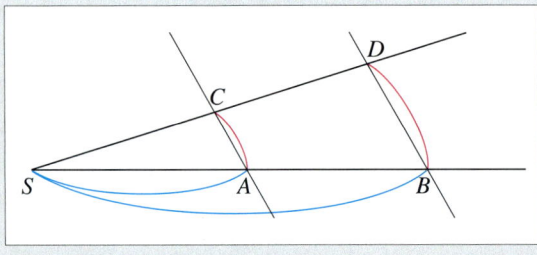 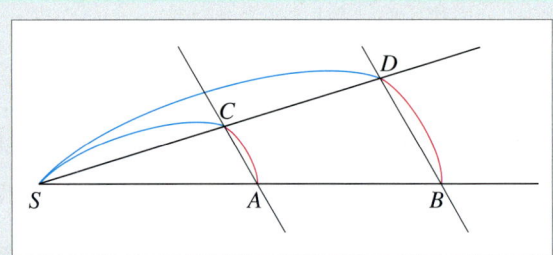

$$\frac{\overline{SA}}{\overline{SB}} = \frac{\overline{AC}}{\overline{BD}}$$ $$\frac{\overline{SC}}{\overline{SD}} = \frac{\overline{AC}}{\overline{BD}}$$

Zentrische Streckung

Eine zentrische Streckung $(Z; k)$ mit dem Streckungszentrum Z und dem Streckungsfaktor k ($k \neq 0$) ist eine Abbildung, bei der jedem Punkt P ($P \neq Z$) ein Bildpunkt P' folgendermaßen zugeordnet wird:
Der Bildpunkt P' liegt auf dem Strahl $\overline{ZP}$ und es gilt
$ZP' = k \cdot \overline{ZP}$.

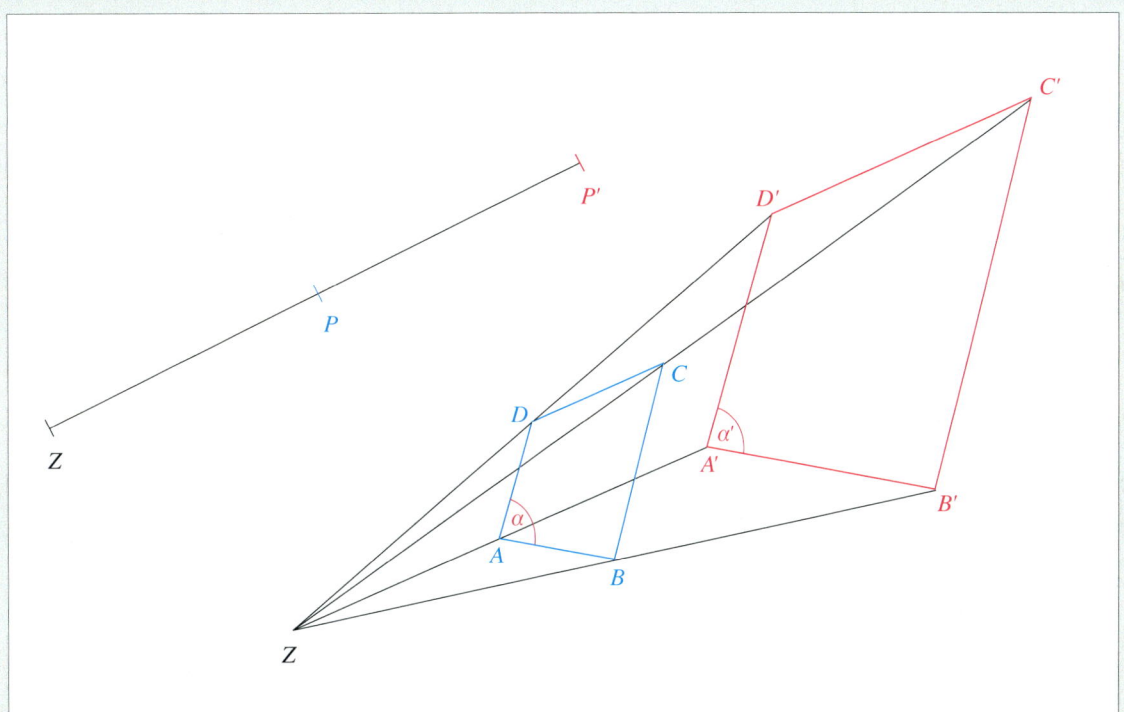

Bei der zentrischen Streckung von
Flächen bzw. Körpern gilt

1. für die Zuordnung der Bildpunkte: $\overline{ZP'} = k \cdot \overline{ZP}$
2. für Winkelgrößen: $\alpha = \alpha'$; $\beta = \beta'$; usw.
3. für Streckenverhältnisse: $\dfrac{\overline{AB}}{\overline{AC}} = \dfrac{\overline{A'B'}}{\overline{A'C'}}$
4. für Flächeninhalte: $A' = k^2 \cdot A$
5. für Volumina: $V' = k^3 \cdot V$

Beispiel
Dreieck ABC wird durch zentrische Streckung auf
Dreieck $A'B'C'$ abgebildet.
Es gilt:
$\overline{ZA'} = \mathbf{3} \cdot \overline{ZA}$, $\overline{ZB'} = 3 \cdot \overline{ZB}$, $\overline{ZC'} = 3 \cdot \overline{ZC}$
Streckungsfaktor: $k = \mathbf{3}$

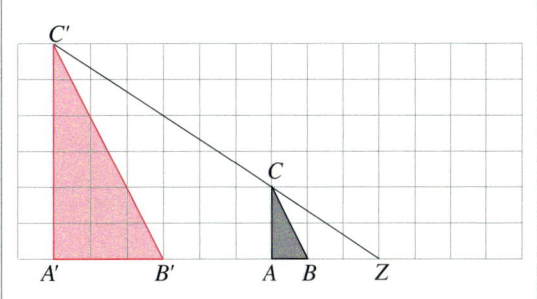

Ähnlichkeit und Kongruenz

Ähnlichkeitssätze für Dreiecke

Dreiecke sind zueinander ähnlich, wenn sie

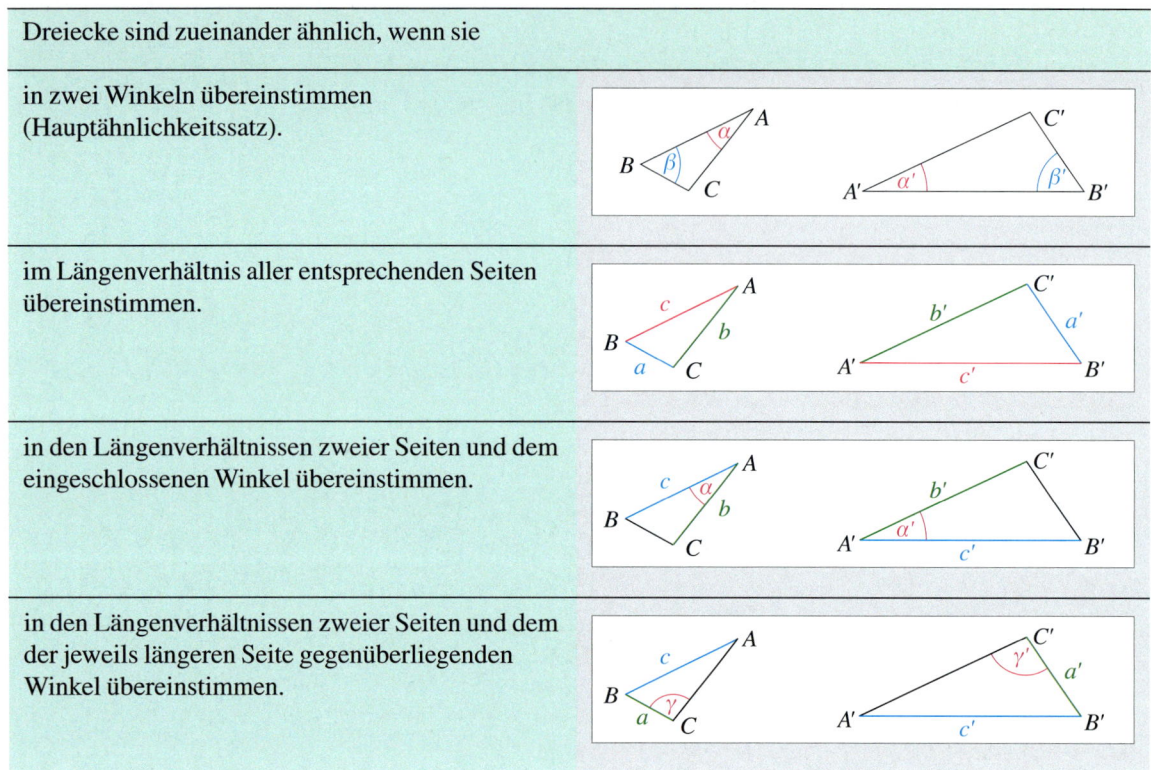

in zwei Winkeln übereinstimmen (Hauptähnlichkeitssatz).
im Längenverhältnis aller entsprechenden Seiten übereinstimmen.
in den Längenverhältnissen zweier Seiten und dem eingeschlossenen Winkel übereinstimmen.
in den Längenverhältnissen zweier Seiten und dem der jeweils längeren Seite gegenüberliegenden Winkel übereinstimmen.

Kongruenzsätze für Dreiecke

Dreiecke sind zueinander kongruent (deckungsgleich), wenn sie

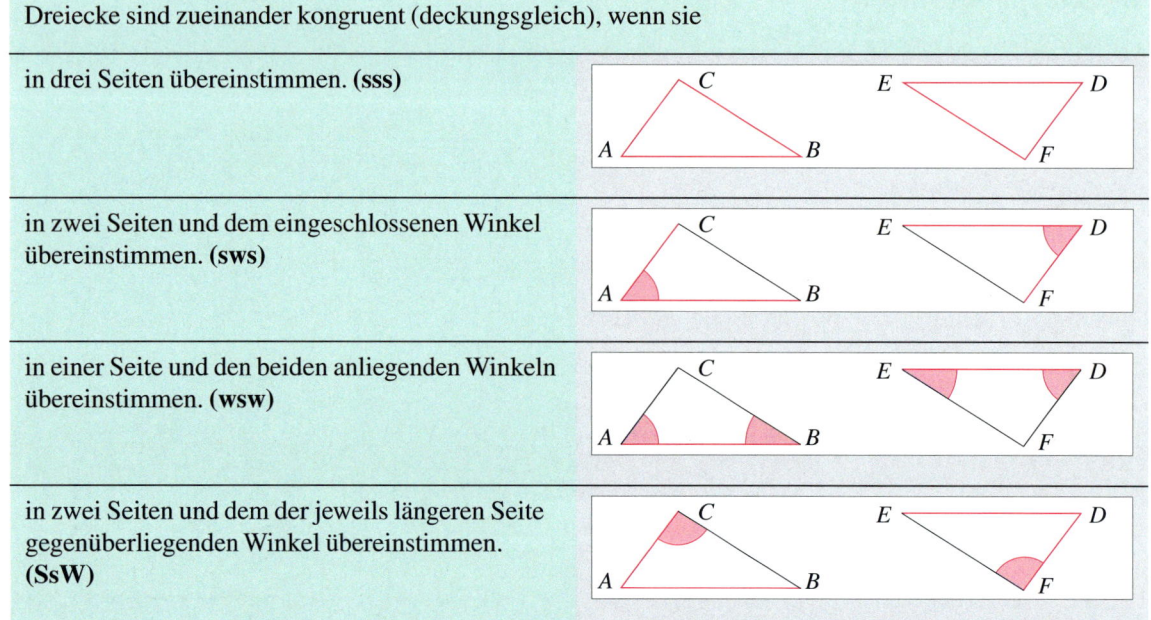

in drei Seiten übereinstimmen. (sss)
in zwei Seiten und dem eingeschlossenen Winkel übereinstimmen. (sws)
in einer Seite und den beiden anliegenden Winkeln übereinstimmen. (wsw)
in zwei Seiten und dem der jeweils längeren Seite gegenüberliegenden Winkel übereinstimmen. (SsW)

Dreiecke

Winkel und Linien im Dreieck

Eckpunkte werden mit großen Buchstaben bezeichnet (Richtung gegen den Uhrzeigersinn).
Seiten werden mit kleinen Buchstaben bezeichnet.
Die **Innenwinkel** werden mit griechischen Buchstaben bezeichnet (siehe S. 6).

Die **Innenwinkelsumme** beträgt 180°.
$\alpha + \beta + \gamma = 180°$

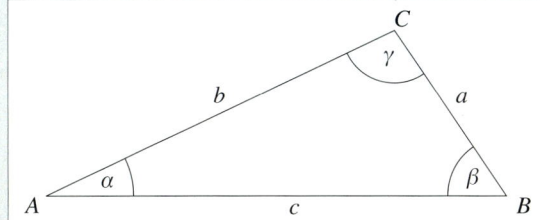

Höhen im Dreieck stehen senkrecht auf der Seite und verlaufen durch den gegenüberliegenden Eckpunkt.
Die Höhen schneiden sich in einem Punkt.

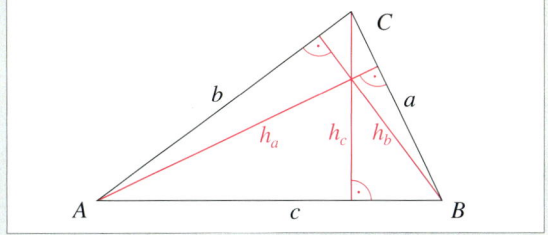

Seitenhalbierende verlaufen vom Mittelpunkt einer Seite zum gegenüberliegenden Eckpunkt.
Die Seitenhalbierenden schneiden sich im **Schwerpunkt S.**

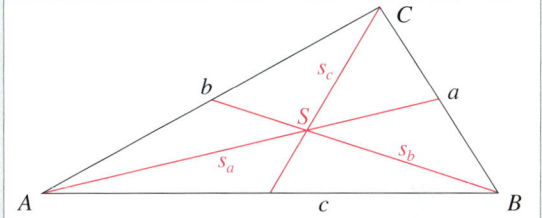

Winkelhalbierende im Dreieck schneiden sich in einem Punkt. Dieser Punkt ist der Mittelpunkt des Inkreises des Dreiecks.
r ist der Radius dieses Kreises.

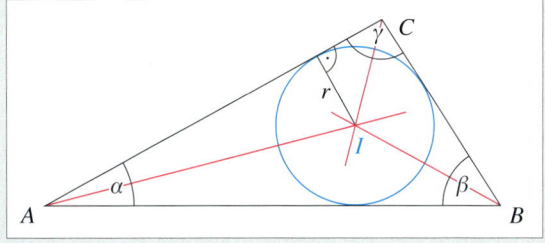

Mittelsenkrechten schneiden sich in einem Punkt, der als Umkreismittelpunkt bezeichnet wird.
Die Strecken $\overline{UA}$, $\overline{UB}$, $\overline{UC}$ sind jeweils der Radius dieses Umkreises.

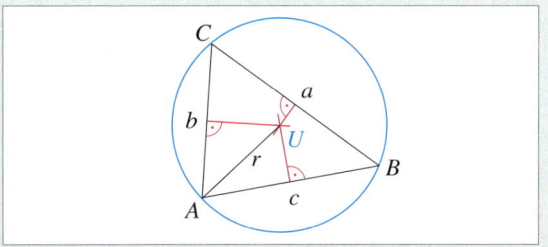

Einteilung der Dreiecke nach Seiten und Winkeln

Einteilung nach den Seiten

unregelmäßige Dreiecke	*gleichschenklige Dreiecke*	*gleichseitige Dreiecke*
	Zwei Seiten sind gleichlang und heißen Schenkel. Die Grundseite heißt Basis. Die Winkel an der Basis sind gleichgroß.	Alle drei Seiten sind gleichlang. Die Innenwinkel sind gleich: $\alpha = \beta = \gamma = 60°$
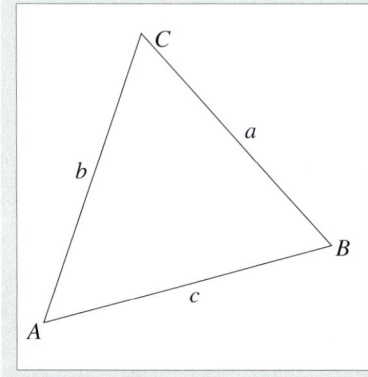	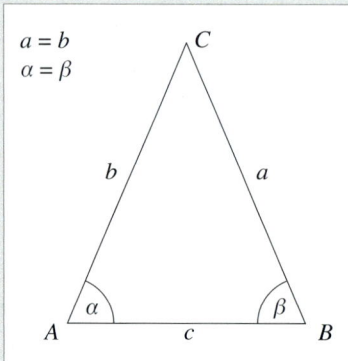	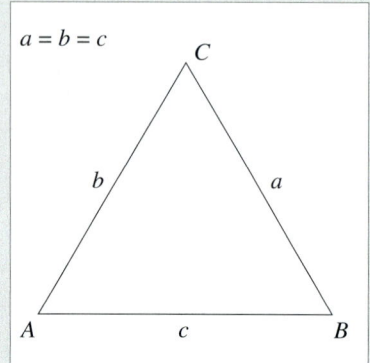

Einteilung nach den Winkeln

spitzwinklige Dreiecke	*rechtwinklige Dreiecke*	*stumpfwinklige Dreiecke*
Alle Winkel sind kleiner als 90°.	Ein Winkel ist 90°.	Ein Winkel ist größer als 90°.
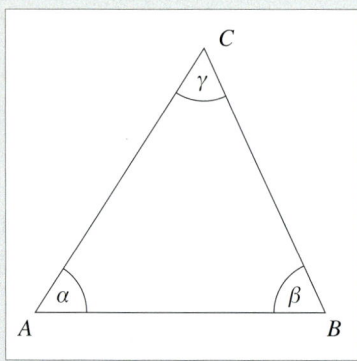	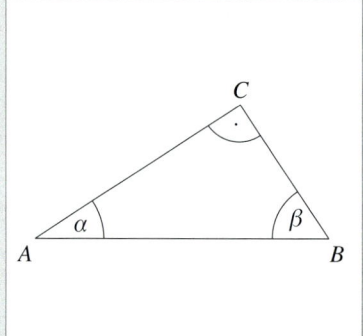	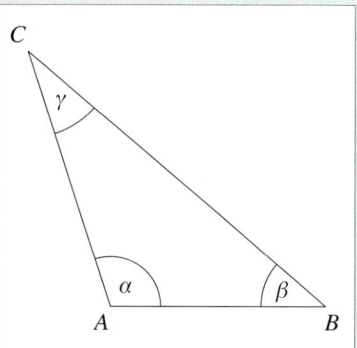

Übersicht möglicher Dreiecksarten

	unregelmäßiges Dreieck	gleichschenkliges Dreieck	gleichseitiges Dreieck
spitzwinklig	ja	ja	ja
rechtwinklig	ja	ja	nein
stumpfwinklig	ja	ja	nein

Berechnungen im Dreieck

Umfang	$u = a + b + c$	

Flächeninhalt	$A = \frac{1}{2} \cdot c \cdot h$ oder:
	$A = \frac{c \cdot h}{2}$

gegeben:

$a = 2\,\text{cm}$
$b = 3\,\text{cm}$
$c = 4\,\text{cm}$
$h = 1,5\,\text{cm}$

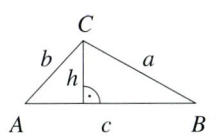

Berechnung des Umfangs:

$u = a + b + c$
$u = 2\,\text{cm} + 3\,\text{cm} + 4\,\text{cm}$
$u = 9\,\text{cm}$

Berechnung des Flächeninhaltes:

$A = \frac{1}{2} \cdot c \cdot h$

$A = \frac{1}{2} \cdot 4\,\text{cm} \cdot 1,5\,\text{cm}$

$A = 3\,\text{cm}^2$

Konstruktion von Dreiecken

Konstruktion des Dreieckes, wenn alle **drei Seiten** gegeben sind

gegebene Seiten: $a = 3,2\,\text{cm}$
                               $b = 2,5\,\text{cm}$
                               $c = 3,0\,\text{cm}$

Planfigur:

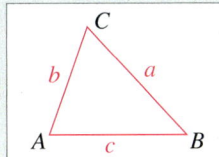

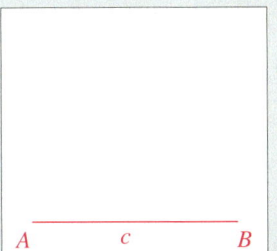

Zeichne die Seite c.

Zeichne einen Kreis um A mit dem Radius b.

Zeichne einen Kreis um B mit dem Radius a. Der Schnittpunkt der beiden Kreise ist C.

Verbinde C mit A und B.

Die Konstruktion ist nur ausführbar, wenn die **Dreiecksungleichung** erfüllt ist: In jedem Dreieck ist die Summe zweier Seiten größer als die dritte Seite.

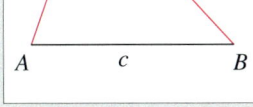

$a + b > c$
$a + c > b$
$b + c > a$

Konstruktion des Dreieckes, wenn **zwei Seiten und der eingeschlossene Winkel** gegeben sind

gegebene Seiten: $b = 2{,}0\,\text{cm}$
                     $c = 3{,}0\,\text{cm}$
gegebener Winkel: $\alpha = 60°$

Planfigur:

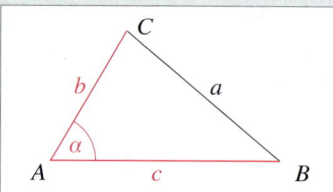

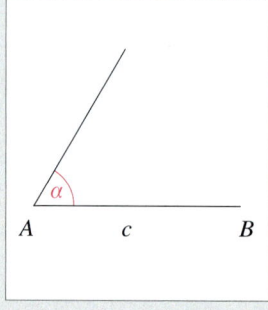

Zeichne die Seite c.

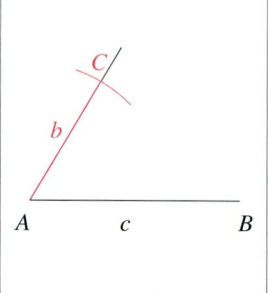

Zeichne den Winkel α mit dem Scheitelpunkt A.

Trage die Strecke b von A aus ab.
Der entstandene Punkt wird mit C bezeichnet.

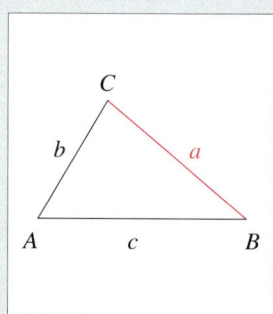

Verbinde C mit B.

Hinweis: Wird zum Antragen des Winkels ein Geodreieck verwendet, so kann die Seite b direkt gezeichnet werden.

Konstruktion des Dreieckes, wenn **eine Seite und die beiden anliegenden Winkel** gegeben sind

gegebene Seite: $c = 4{,}0\,\text{cm}$
gegebene Winkel: $\alpha = 60°$
                     $\beta = 40°$

Planfigur:

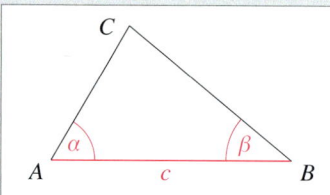

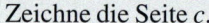

Zeichne die Seite c.

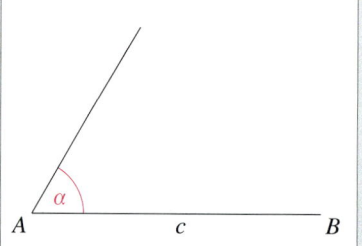

Zeichne den Winkel α mit dem Schenkel A.

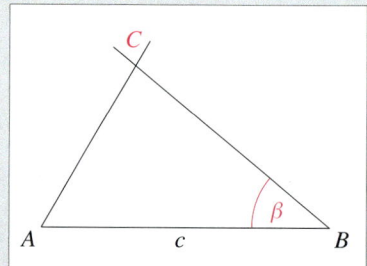

Zeichne den Winkel β mit dem Scheitelpunkt B.
Der Schnittpunkt der beiden freien Schenkel ist C.

Das rechtwinklige Dreieck

Begriffe und Beziehungen im rechtwinkligen Dreieck

Die Schenkel des rechten Winkels werden als **Katheten** bezeichnet.

Die Seite, die dem rechten Winkel gegenüberliegt, bezeichnet man als **Hypotenuse**.

Aus dem Innenwinkelsatz folgt:
Wenn $\gamma = 90°$ ist, so gilt $\alpha + \beta = 90°$.

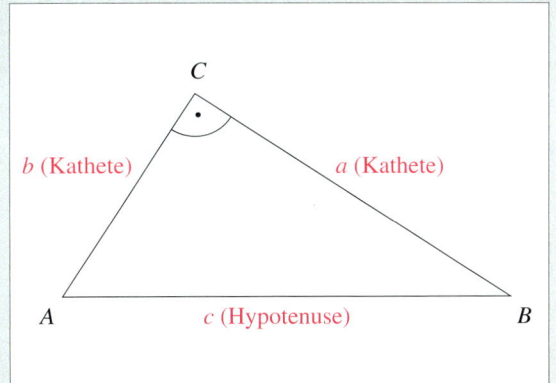

Der Satz des Pythagoras

Genau dann, wenn ein Dreieck rechtwinklig ist, gilt:

Die Summe der Flächeninhalte der beiden Kathetenquadrate ist genauso groß wie der Flächeninhalt des Hypotenusenquadrates.

$$a^2 + b^2 = c^2$$

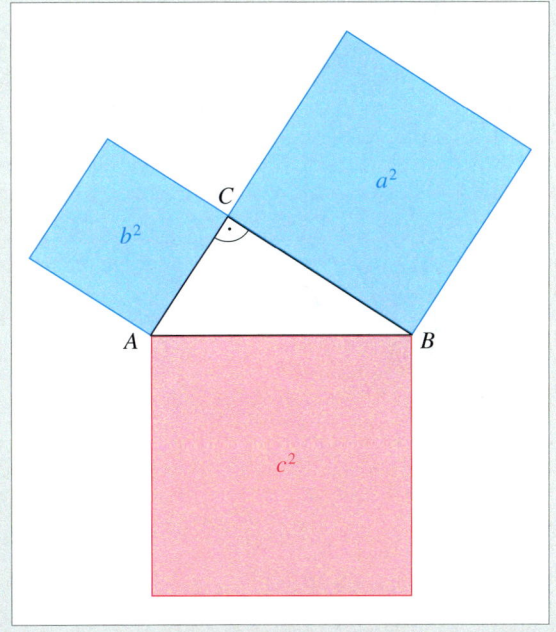

Zahlen, aus denen ein rechtwinkliges Dreieck konstruiert werden kann
(Pythagoreische Zahlentripel):

Kathete	3	5	6	7	8	12	11	20	34	68
Kathete	4	12	8	24	15	16	60	21	288	285
Hypotenuse	5	13	10	25	17	20	61	29	290	293

Kathetensatz

In jedem rechtwinkligen Dreieck gilt:

Das Quadrat über jeder Kathete hat den gleichen Flächeninhalt wie das Rechteck, das aus Hypotenuse und entsprechendem Hypotenusenabschnitt gebildet wird.

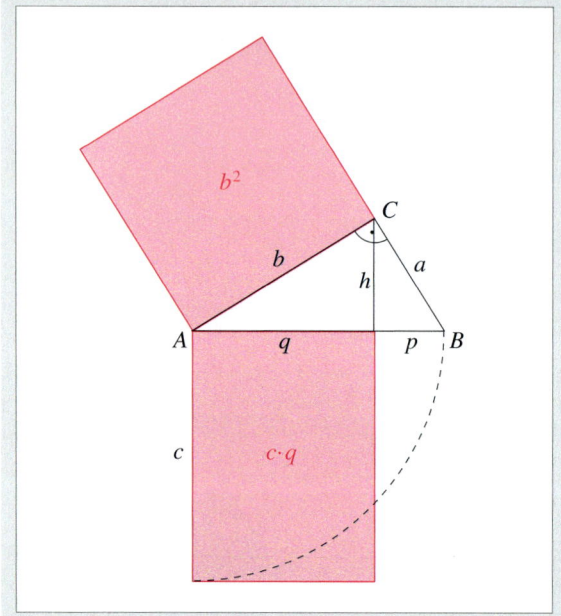

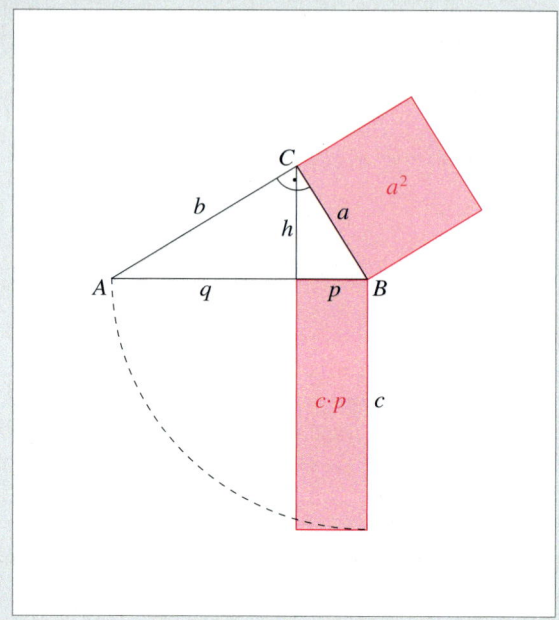

$$b^2 = c \cdot q \qquad\qquad\qquad a^2 = c \cdot p$$

gegeben: Hypotenuse $c = 6{,}20$ cm   *gegeben:*   Kathete $a = 5$ cm
             Hypotenusenabschnitt $q = 1{,}50$ cm   Hypotenuse $c = 7$ cm

gesucht: Kathete b *gesucht:*   Hypotenusenabschnitt p
             Kathete a Kathete b

Berechnung: $b^2 = c \cdot q$ *Berechnung:* $a^2 = c \cdot p$

$$b = \sqrt{c \cdot q} \qquad\qquad\qquad\qquad p = \frac{a^2}{c}$$

$$b = \sqrt{6{,}20\,\text{cm} \cdot 1{,}50\,\text{cm}} \qquad\qquad p = \frac{25\,\text{cm}^2}{7\,\text{cm}}$$

$$b = \sqrt{9{,}30\,\text{cm}^2} \qquad\qquad\qquad p \approx 3{,}6\,\text{cm}$$

$$b \approx 3{,}05\,\text{cm}$$

$$p = c - q = 4{,}70\,\text{cm} \qquad\qquad q = c - p = 3{,}4\,\text{cm}$$

$$a^2 = c \cdot p \qquad\qquad\qquad\qquad b^2 = c \cdot q$$

$$a = \sqrt{c \cdot p} \qquad\qquad\qquad\qquad b = \sqrt{c \cdot q}$$

$$a = \sqrt{6{,}20\,\text{cm} \cdot 4{,}70\,\text{cm}} \qquad\qquad b = \sqrt{7\,\text{cm} \cdot 3{,}4\,\text{cm}}$$

$$a = \sqrt{29{,}14\,\text{cm}^2} \qquad\qquad\qquad b = \sqrt{23{,}80\,\text{cm}^2}$$

$$a \approx 5{,}4\,\text{cm} \qquad\qquad\qquad\qquad b \approx 4{,}9\,\text{cm}$$

Höhensatz

In jedem rechtwinkligen Dreieck gilt:

Das Quadrat über der Höhe hat den gleichen Flächeninhalt wie das Rechteck, das aus den beiden Hypotenusenabschnitten gebildet wird.

$$h^2 = p \cdot q$$

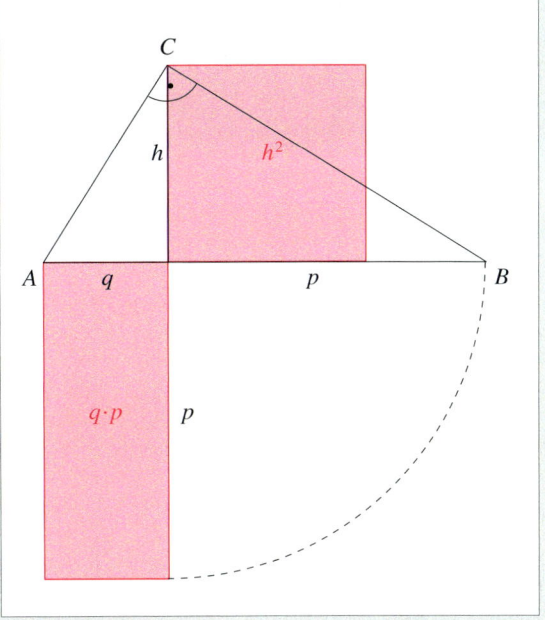

gegeben: Hypotenusenabschnitt $p = 1\,\text{cm}$
Hypotenusenabschnitt $q = 2,8\,\text{cm}$

gesucht: Höhe h

Berechnung: $h^2 = p \cdot q$

$$h = \sqrt{p \cdot q}$$

$$h = \sqrt{1\,\text{cm} \cdot 2,8\,\text{cm}}$$

$$h = \sqrt{2,8\,\text{cm}^2}$$

$$h \approx 1,7\,\text{cm}$$

(Satz des Thales: siehe S. 57)

Berechnung des Flächeninhaltes rechtwinkliger Dreiecke

$A = \frac{1}{2} \cdot a \cdot b$ (*a* ist die Höhe der Seite *b* und umgekehrt.)	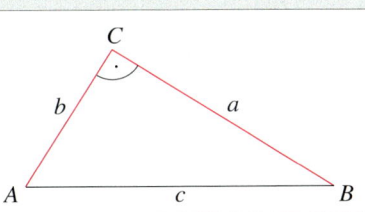	*gegeben:* Kathete $a = 3\,\text{cm}$ Kathete $b = 4\,\text{cm}$ *gesucht:* Flächeninhalt A *Berechnung:* $A = \frac{1}{2} \cdot a \cdot b$ $A = \frac{1}{2} \cdot 3\,\text{cm} \cdot 4\,\text{cm}$ $A = 6\,\text{cm}^2$
$A = \frac{1}{2} \cdot h_c \cdot c$	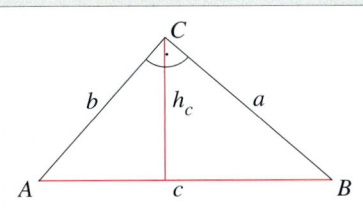	*gegeben:* Hypotenuse $c = 5\,\text{cm}$ Höhe $h_c = 2,4\,\text{cm}$ *gesucht:* Flächeninhalt A *Berechnung:* $A = \frac{1}{2} \cdot h_c \cdot c$ $A = \frac{1}{2} \cdot 2,4\,\text{cm} \cdot 5\,\text{cm}$ $A = 6\,\text{cm}^2$

Vierecke

Übersicht der Vierecke

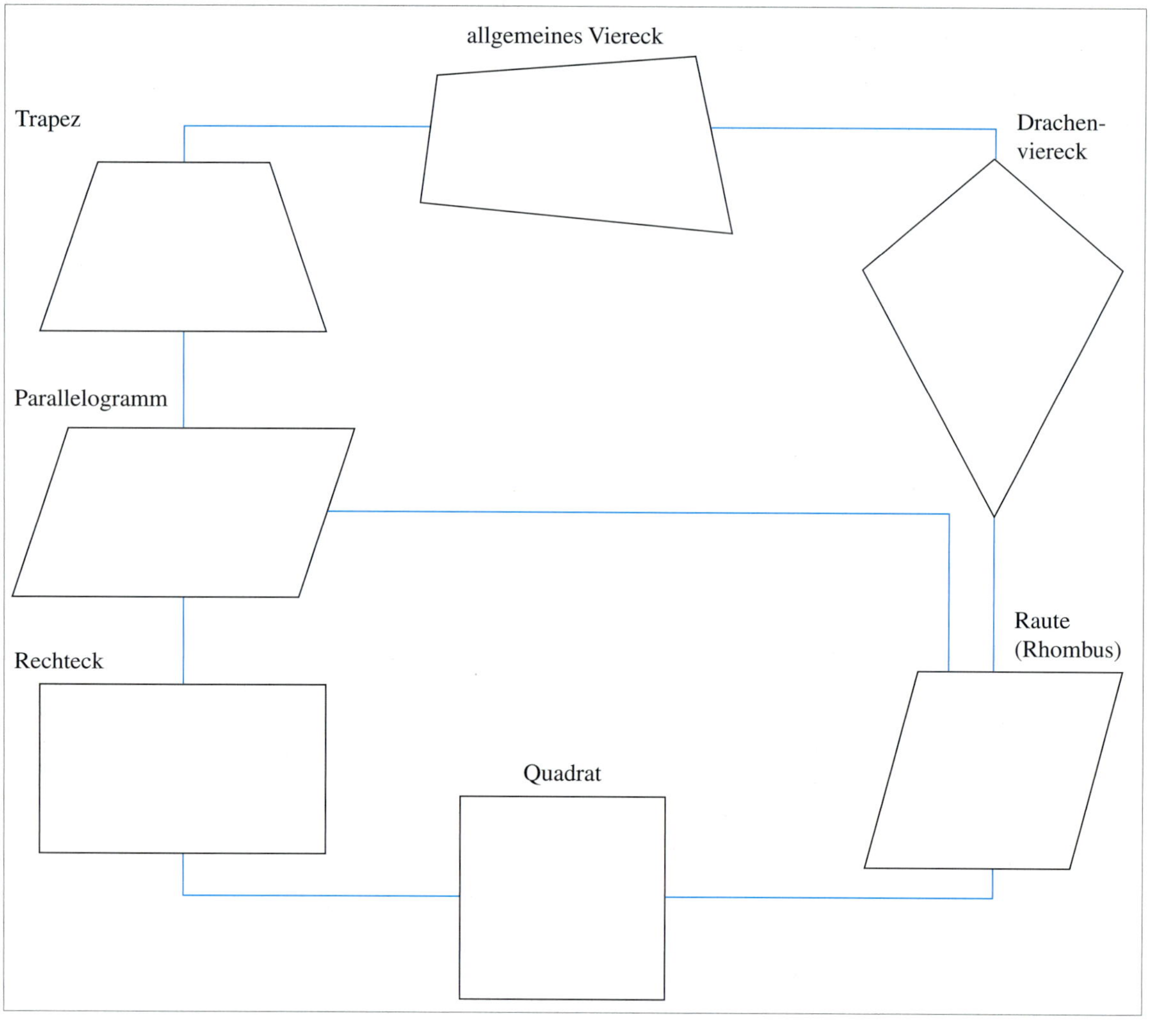

allgemeines Viereck
Trapez
Drachen-
viereck
Parallelogramm
Rechteck
Raute
(Rhombus)
Quadrat

Bezeichnungen und Eigenschaften allgemeiner Vierecke

Das allgemeine Viereck ist durch die 4 Eckpunkte A; B; C; D sowie durch die Strecken $\overline{AB}$; $\overline{BC}$; $\overline{CD}$; $\overline{DA}$ begrenzt.

In jedem Viereck gibt es zwei Diagonalen, die mit e und f bezeichnet werden. Diagonalen verbinden gegenüberliegende Eckpunkte.

In jedem Viereck beträgt die Summe der Innenwinkel 360°.

Der Umfang beträgt: $u = a + b + c + d$

C
γ
c
D
δ
e
b
d
α
f
β
A
a
B

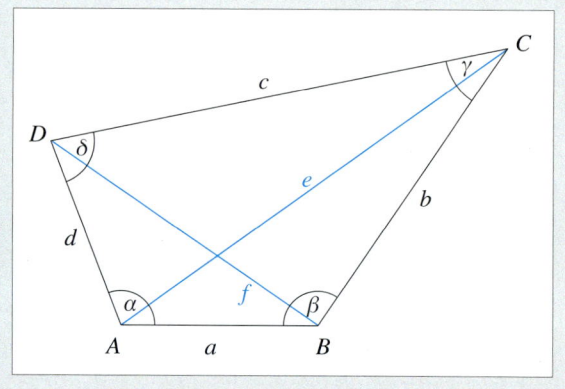

Berechnungen an Vierecken

Quadrat

Alle Seiten sind gleich lang.
Gegenüberliegende Seiten sind parallel zueinander.
Alle Winkel betragen 90°.

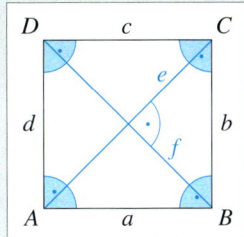

Flächeninhalt: $\quad A = a \cdot a = a^2$

Umfang: $\qquad u = 4 \cdot a$

Länge der
Diagonalen e: $\quad e^2 = a^2 + a^2$
$\qquad\qquad$ (Satz des Pythagoras)

$\qquad\qquad e^2 = 2 \cdot a^2$

$\qquad\qquad e = \sqrt{2 \cdot a^2}$

$\qquad\qquad e = \sqrt{2} \cdot a$

Berechnung der Diagonalen e

gegeben: $\;\; a = 3\,\mathrm{cm}$

$\qquad\quad e = \sqrt{2} \cdot a$

$\qquad\quad e = \sqrt{2} \cdot 3\,\mathrm{cm}$

$\qquad\quad e = 4{,}2\,\mathrm{cm}$

Rechteck

Gegenüberliegende Seiten sind gleich lang und
parallel zueinander.
Alle Winkel betragen 90°.

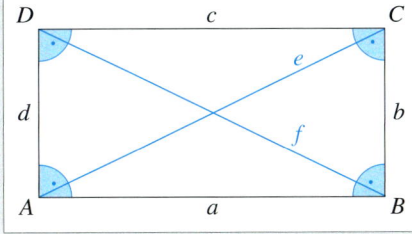

Flächeninhalt: $\quad A = a \cdot b$

Umfang: $\qquad u = 2 \cdot a + 2 \cdot b = 2 \cdot (a + b)$

Länge der
Diagonalen e: $\quad e^2 = a^2 + b^2$
$\qquad\qquad$ (Satz des Pythagoras)

$\qquad\qquad e = \sqrt{a^2 + b^2}$

Berechnung der Diagonalen e

gegeben: $\;\; a = 4\,\mathrm{cm}; b = 2{,}5\,\mathrm{cm}$

$\qquad\quad e = \sqrt{a^2 + b^2}$

$\qquad\quad e = \sqrt{(4\,\mathrm{cm})^2 + (2{,}5\,\mathrm{cm})^2} = \sqrt{22{,}25\,\mathrm{cm}^2}$

$\qquad\quad e = 4{,}7\,\mathrm{cm}$

Parallelogramm

Gegenüberliegende Seiten sind gleich lang und
parallel zueinander. Gegenüberliegende Winkel
sind gleich groß. Es gilt: $\alpha + \beta = 180°$
Beide Diagonalen halbieren einander.

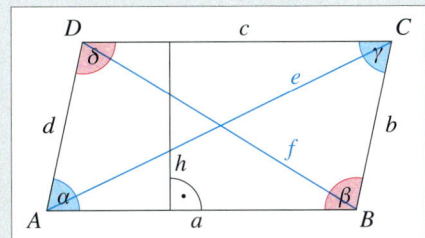

Flächeninhalt: $\quad A = a \cdot h$

Umfang: $\qquad u = 2 \cdot a + 2 \cdot b = 2 \cdot (a + b)$

Raute (Rhombus)

Alle Seiten sind gleich lang. Gegenüberliegende
Seiten sind parallel zueinander.
Die Diagonalen stehen senkrecht aufeinander und
halbieren sich gegenseitig. Beide Diagonalen sind
Symmetrieachsen.
Gegenüberliegende Winkel sind gleich groß.

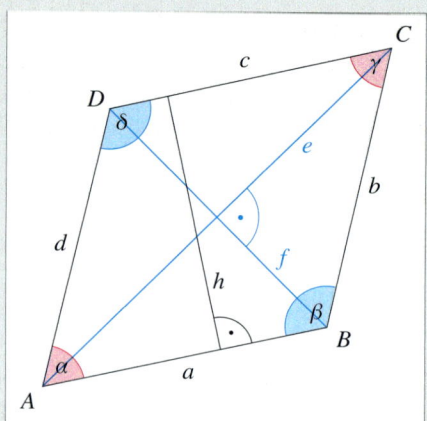

Flächeninhalt: $\quad A = a \cdot h$

$\qquad\qquad\quad A = \frac{1}{2} \cdot e \cdot f$

Umfang: $\qquad u = a + b + c + d = 4 \cdot a$

Winkelbeziehungen: $\alpha + \beta = 180°$

Trapez

Ein Paar Seiten ist parallel zueinander. Die Mittellinie ist parallel zu den beiden Grundseiten.

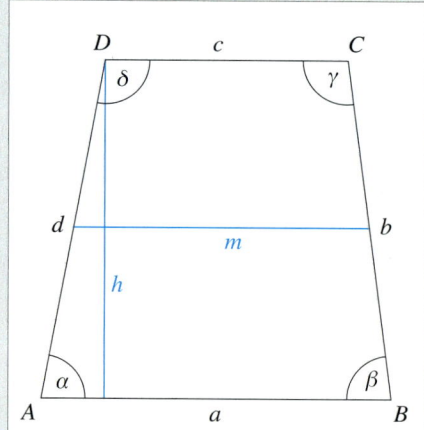

Mittellinie: $\qquad m = \frac{a+c}{2}$

Flächeninhalt: $\qquad A = m \cdot h$

$\qquad\qquad\quad A = \frac{a+c}{2} \cdot h$

Umfang: $\qquad u = a + b + c + d$

Winkelbeziehungen: $\alpha + \delta = 180°$

$\qquad\qquad\qquad\quad \beta + \gamma = 180°$

Drachenviereck

Es gibt zwei Paar benachbarter Seiten, die gleich
lang sind.
Die Diagonalen stehen senkrecht aufeinander. Eine
Diagonale wird halbiert. Eine Diagonale ist auch
Symmetrieachse der Figur.

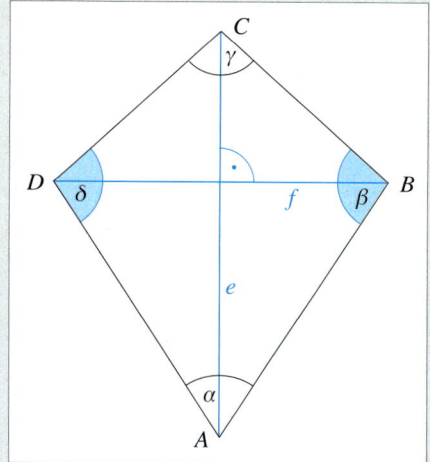

Flächeninhalt: $\qquad A = \frac{1}{2} \cdot e \cdot f$

Umfang: $\qquad u = a + b + c + d$

$\qquad\qquad\quad u = 2 \cdot a + 2 \cdot b$

Winkelbeziehungen: $\beta = \delta$

Regelmäßige Vielecke (*n*-Ecke)

Bezeichnungen und Berechnungen am regelmäßigen *n*-Eck

Regelmäßige Vielecke (*n*-Ecke) lassen sich in *n* deckungs-gleiche gleichschenklige Dreiecke (Bestimmungsdreiecke) einteilen.
Jedes Bestimmungsdreieck hat einen Mittelpunktswinkel α, für den gilt: $\alpha = \dfrac{360°}{n}$.

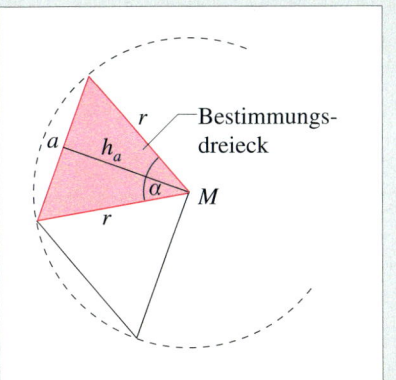

Die Höhe h_a auf die Basisseite a des Bestimmungsdreiecks beträgt: $(h_a)^2 = r^2 - \left(\dfrac{1}{2} \cdot a\right)^2$

Umfang eines n-Ecks: $\qquad u = n \cdot a$

Fläche des Bestimmungsdreiecks: $A_n = \dfrac{a \cdot h_a}{2}$

Fläche des n-Ecks: $\qquad A = n \cdot A_n$

$$A = n \cdot \dfrac{a \cdot h_a}{2}$$

Regelmäßiges 6-Eck

Der Radius r des Umkreises ist gleich groß wie die Basis-seite a des Bestimmungsdreiecks.
Alle Winkel im Bestimmungsdreieck sind gleich groß und betragen 60°.

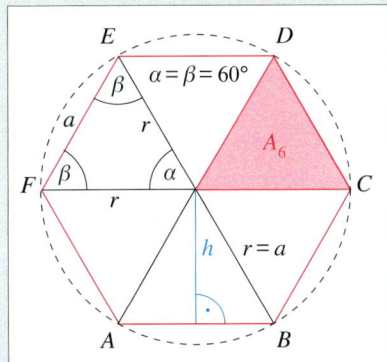

Umfang eines 6-Ecks: $\qquad u = 6 \cdot a = 6 \cdot r$

Fläche des Bestimmungsdreiecks: $A_6 = \dfrac{a \cdot h_a}{2}$

$$A_6 = \dfrac{1}{2} \cdot a \cdot \dfrac{a}{2} \cdot \sqrt{3}$$

$$A_6 = \dfrac{a^2}{4} \cdot \sqrt{3}$$

Fläche des 6-Ecks: $\qquad A = 6 \cdot A_6$

$$A = 6 \cdot \dfrac{a^2}{4} \cdot \sqrt{3}$$

$$A = \dfrac{3}{2} \cdot a^2 \cdot \sqrt{3}$$

Höhe h_a: $\qquad (h_a)^2 = a^2 - \left(\dfrac{1}{2} \cdot a\right)^2$

$$(h_a)^2 = \dfrac{3}{4} \cdot a^2$$

$$h_a = \sqrt{\dfrac{3}{4} \cdot a^2}$$

$$h_a = \dfrac{1}{2} \cdot a \cdot \sqrt{3}$$

gegeben: $a = 2,5\,\text{cm}$
gesucht: u, A

$u = 6 \cdot a = 15\,\text{cm}$

$A_6 = \dfrac{a^2}{4} \cdot \sqrt{3}$

$A_6 = \dfrac{6,25\,\text{cm}^2}{4} \cdot \sqrt{3}$

$A_6 = 2,71\,\text{cm}^2$

$A = 6 \cdot A_6$

$A = 6 \cdot 2,71\,\text{cm}^2$

$A = 16,2\,\text{cm}^2$

Kreis

Bezeichnungen, besondere Linien und Berechnungen am Kreis

Bezeichnungen am Kreis

Die Menge aller Punkte, die den gleichen Abstand von einem Punkt M haben, werden als Kreis bezeichnet.

Der Abstand vom Mittelpunkt des Kreises bis zur Kreislinie heißt **Radius r**.

Die Strecke, deren Endpunkte auf der Kreislinie liegen und die durch den Mittelpunkt verläuft, heißt **Durchmesser d**.

Die Länge des Durchmessers ist doppelt so groß wie die des Radius: $d = 2 \cdot r$

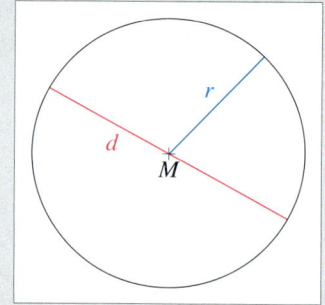

Besondere Linien am Kreis

Liegen zwei Punkte A und B auf der Kreislinie, dann heißt die Strecke $\overline{AB}$ **Sehne** des Kreises.

Wenn eine Gerade den Kreis in zwei Punkten schneidet, dann heißt die Gerade **Sekante**.

Wenn eine Gerade den Kreis in genau einem Punkt berührt, heißt die Gerade **Tangente**. Die Tangente steht senkrecht auf dem Berührungsradius.

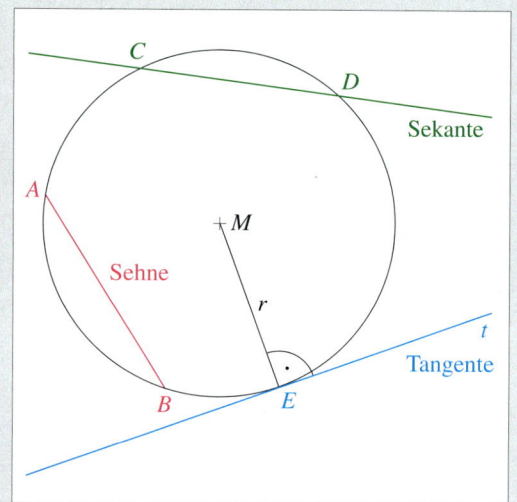

Berechnungen am Kreis

Umfang: $u = \pi \cdot d$
$u = 2 \cdot \pi \cdot r$

Flächeninhalt: $A = \pi \cdot r^2$
$A = \frac{1}{4} \cdot \pi \cdot d^2$

(Die Kreiszahl π beschreibt das Verhältnis des Umfanges eines Kreises zu seinem Durchmesser. $\pi = 3{,}141\,592\,653\,589\ldots$)

Berechnung von Umfang und Flächeninhalt

gegeben: $r = 3{,}5\,\text{cm}$
gesucht: Umfang u,
Flächeninhalt A

$u = 2 \cdot \pi \cdot r$
$u = 2 \cdot 3{,}14 \cdot 3{,}5\,\text{cm}$
$u \approx 22\,\text{cm}$

$A = \pi \cdot r^2$
$A = 3{,}14 \cdot (3{,}5\,\text{cm})^2$
$A \approx 38{,}5\,\text{cm}^2$

Kreisbogen, Kreisausschnitt und Kreisring

Kreisbogen und Kreisausschnitt

Der **Kreisbogen** ist ein Teil des Kreisumfangs.
Der **Kreisausschnitt** ist ein Teil der Kreisfläche.
Der Anteil des Kreisbogens und des Kreisausschnitts am Vollkreis wird durch den Mittelpunktswinkel α bestimmt.

Länge b des Kreisbogens: $b = \frac{\alpha}{360°} \cdot 2 \cdot \pi \cdot r$

$b = \frac{\alpha}{180°} \cdot \pi \cdot r$

Fläche A des Kreisausschnitts: $A = \frac{\alpha}{360°} \cdot \pi \cdot r^2$

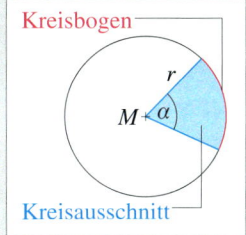

gegeben: $r = 0{,}75\,\text{m}; \alpha = 195°$

$b = \frac{a}{360°} \cdot 2 \cdot \pi \cdot r = \frac{195°}{360°} \cdot 2 \cdot 3{,}14 \cdot 0{,}75\,\text{m}$

$b \approx 2{,}55\,\text{m}$

$A = \frac{\alpha}{360°} \cdot \pi \cdot r^2 = \frac{195°}{360°} \cdot 3{,}14 \cdot (0{,}75\,\text{m})^2$

$A \approx 0{,}96\,\text{m}^2$

Kreisring

Zwei Kreise mit unterschiedlichen Radien r_1 und r_2 ($r_2 < r_1$) und gleichem Mittelpunkt bilden einen **Kreisring.**

Fläche des Kreisrings: $A = A_{\text{großer Kreis}} - A_{\text{kleiner Kreis}}$

$A = \pi \cdot r_1^2 - \pi \cdot r_2^2$

$A = \pi \cdot (r_1^2 - r_2^2)$

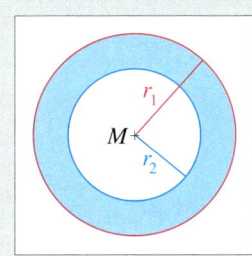

Sätze über Winkel am Kreis

Satz des Thales
Jedes Dreieck, das den Durchmesser eines Halbkreises als Grundseite hat, ist ein rechtwinkliges Dreieck.
Verbindet man einen beliebigen Punkt auf der Kreislinie mit den Endpunkten A und B des Durchmessers, erhält man stets ein rechtwinkliges Dreieck.
Jeder Peripheriewinkel über einem Kreisdurchmesser ist ein rechter Winkel.

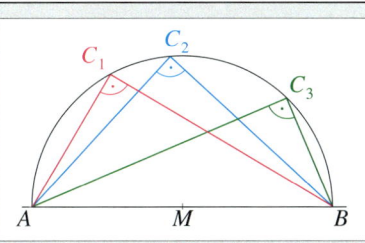

Peripherie – Zentriwinkelsatz
Jeder Zentriwinkel (Mittelpunktswinkel) ist doppelt so groß wie jeder Peripheriewinkel über der gleichen Sehne.

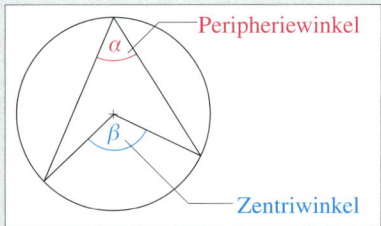

Zusammengesetzte Flächen

Unregelmäßige Vielecke

Um den Flächeninhalt eines unregelmäßigen Vielecks zu berechnen, muss die Gesamtfläche A_{gesamt} in die Teilflächen $A_1, A_2, \dots$ zerlegt werden. Der Flächeninhalt A_{gesamt} ergibt sich dann aus der Summe der Flächeninhalte der Teilflächen.

$$A_{\text{gesamt}} = A_1 + A_2 + A_3 + \dots$$

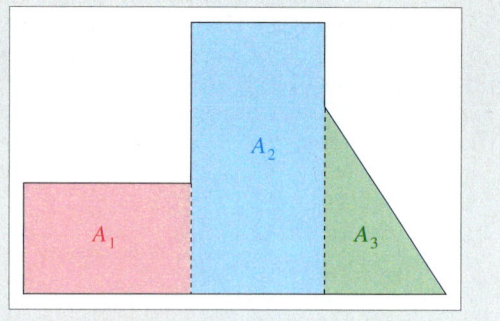

Berechnungen an zusammengesetzten Flächen

Zerlegen zusammengesetzter Figuren

Zusammengesetzte Flächen können in berechenbare Teilflächen zerlegt werden, deren Flächeninhalte dann addiert werden.

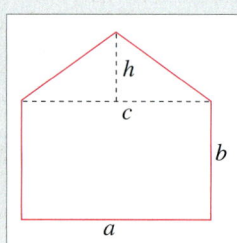

gegebene Größen (Rechteck):
$a = 5\,\text{cm}; b = 3\,\text{cm}$

gegebene Größen (Dreieck):
$c = 5\,\text{cm}; h = 2,8\,\text{cm}$

$A_{\text{Rechteck}} = a \cdot b = 5\,\text{cm} \cdot 3\,\text{cm} = 15\,\text{cm}^2$

$A_{\text{Dreieck}} = \frac{1}{2} \cdot 5\,\text{cm} \cdot 2,8\,\text{cm} = 7\,\text{cm}^2$

$A_{\text{Gesamt}} = A_{\text{Rechteck}} + A_{\text{Dreieck}}$

$A_{\text{Gesamt}} = 15\,\text{cm}^2 + 7\,\text{cm}^2 = 22\,\text{cm}^2$

Ergänzen zusammengesetzter Figuren

Zusammengesetzte Flächen können zu berechenbaren Figuren ergänzt werden. Die Flächeninhalte der ergänzten Figuren werden dann subtrahiert.

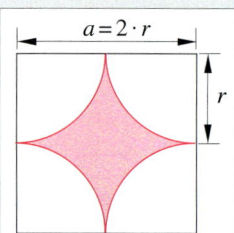

gegeben: $a = 2 \cdot r = 4\,\text{cm}$
gesucht: Flächeninhalt der Sternfigur A_{Stern}

Ergänzung zum Quadrat:
$A_{\text{Quadrat}} = a^2 = 16\,\text{cm}^2$

Teilflächen (Kreisausschnitte):
$A_{\text{Ergänzung}} = A_1 + A_2 + A_3 + A_4$

Die vier Kreisausschnitte ergeben zusammen einen Vollkreis $\left(r = \frac{1}{2} \cdot a\right)$:

$A_{\text{Ergänzung}} = \pi \cdot r^2 = \pi \cdot \left(\frac{1}{2} \cdot a\right)^2 = 12,6\,\text{cm}^2$

$A_{\text{Stern}} = A_{\text{Quadrat}} - A_{\text{Ergänzung}} = 16\,\text{cm}^2 - 12,6\,\text{cm}^2$

$A_{\text{Stern}} = 3,4\,\text{cm}^2$

Körper

Darstellung von Körpern

Räumliche Darstellung – Kavalierperspektive

Bei der **Kavalierperspektive** gilt:

- Strecken, die parallel zur Bildebene liegen (Längskanten und Höhenkanten), werden in der wahren Länge dargestellt.
- Strecken, die senkrecht zur Bildebene liegen (Tiefenkanten), werden um die Hälfte verkürzt und unter dem Verzerrungswinkel $\alpha = 45°$ dargestellt.
- Verdeckte Kanten werden mit einer Strichlinie gezeichnet.

Die Kavalierperspektive wird vor allem in technischen Zeichnungen verwendet.

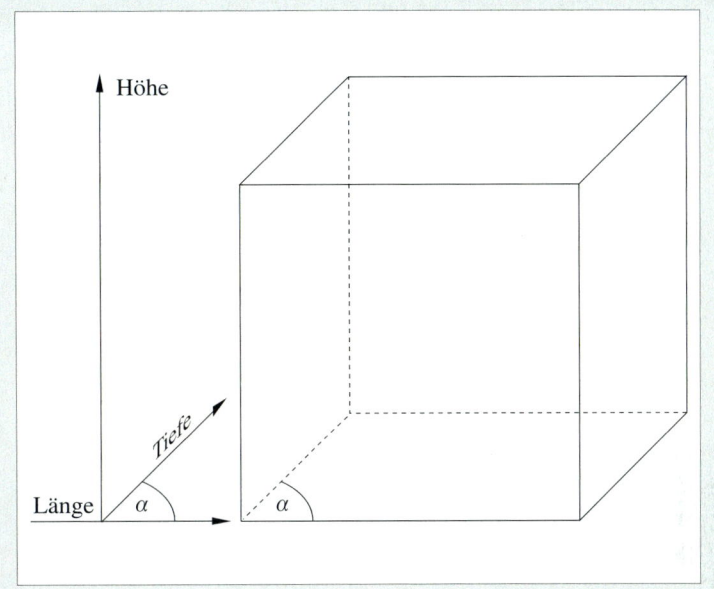

Körpernetze

Körpernetze werden zur Berechnung des Oberflächeninhaltes eines Körpers verwendet.

Körpernetze entstehen, wenn die Begrenzungsflächen eines Körpers in die Ebene ausgebreitet (abgewickelt) werden.

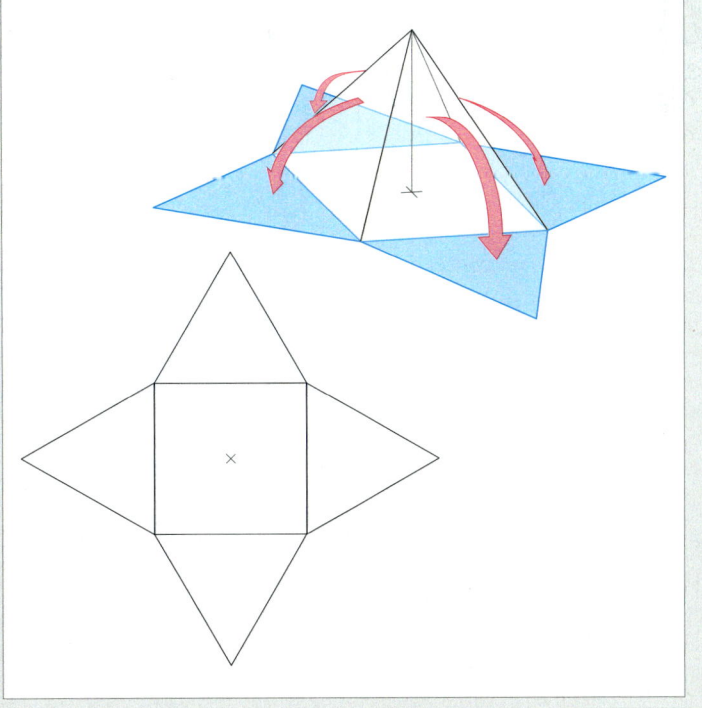

Senkrechte Zweitafelprojektion

Bei der senkrechten Zweitafelprojektion wird ein Körper auf zwei Bildebenen abgebildet. Die Bildebenen stehen senkrecht aufeinander.
Es entsteht ein **Grundriss** (die Draufsicht) und ein **Aufriss** (die Vorderansicht) des Körpers.

Eigenschaften der senkrechten Zweitafelprojektion:

- Grund- und Aufriss eines Punktes liegen auf einer Ordnungslinie, die senkrecht zur Rissachse verläuft.
- Der Abstand eines Punktes P' von der Rissachse gibt den Abstand des Punktes P von der Aufrissebene an.
- Der Abstand eines Punktes P'' von der Rissachse gibt den Abstand des Punktes P von der Grundrissebene an.
- Strecken, die parallel zu einer der Bildebenen liegen, werden in ihrer wahren Länge abgebildet.

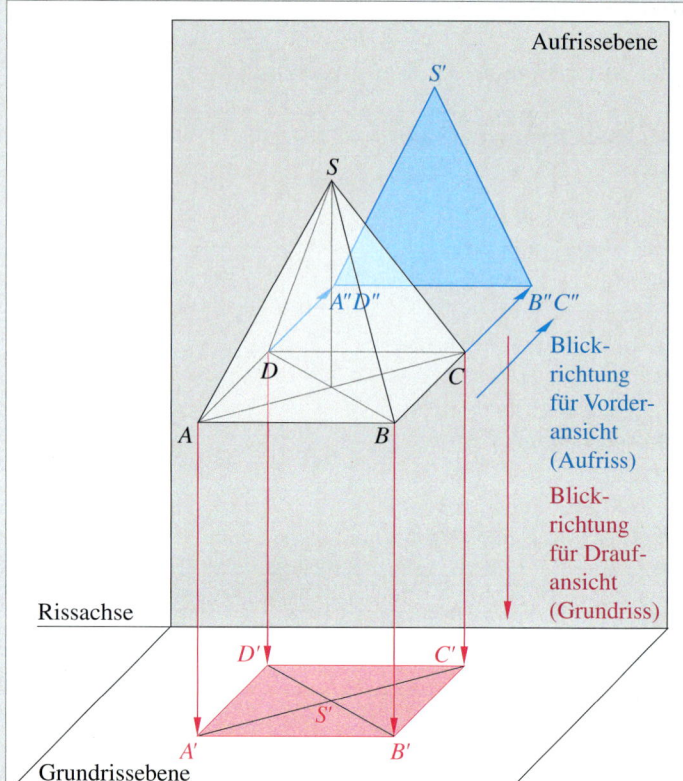

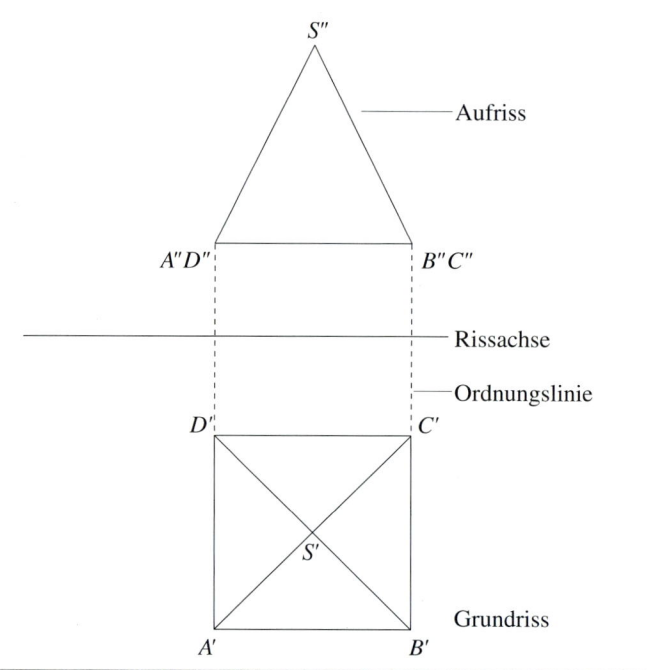

Berechnung von Volumen und Oberfläche an Körpern

Würfel

Eigenschaften:

- 12 gleich lange Kanten
- 8 Ecken
- 6 gleich große Quadrate
- 4 gleich lange Raumdiagonalen
- 12 gleich lange Flächendiagonalen

Volumen: $\quad V = a \cdot a \cdot a = a^3$

Oberfläche: $A_O = 6 \cdot a \cdot a = 6 \cdot a^2$

Flächendiagonale: $\quad f^2 = a^2 + a^2$

$$f = \sqrt{a^2 + a^2} = \sqrt{2 \cdot a^2}$$

$$f = \sqrt{2} \cdot a$$

Raumdiagonale: $\quad e = \sqrt{3} \cdot a$

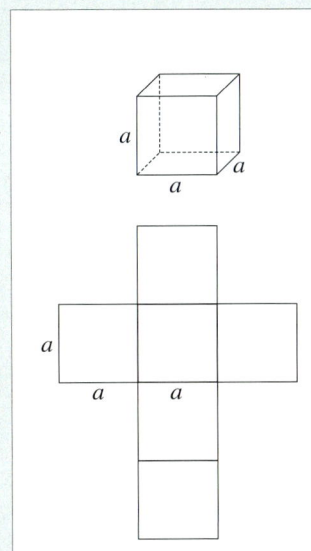

gegeben: $a = 2\,\text{cm}$

Volumen: $V = a^3$
$$V = (2\,\text{cm})^3$$
$$V = 8\,\text{cm}^3$$

Oberfläche: $A_O = 6 \cdot a^2$
$$A_O = 6 \cdot (2\,\text{cm})^2$$
$$A_O = 24\,\text{cm}^2$$

Länge der Flächendiagonale:
$$f = \sqrt{2} \cdot a$$
$$f = \sqrt{2} \cdot 2\,\text{cm}$$
$$f = 2,8\,\text{cm}$$

Länge der Raumdiagonale:
$$e = \sqrt{3} \cdot a$$
$$e = \sqrt{3} \cdot 2\,\text{cm}$$
$$e = 3,5\,\text{cm}$$

Quader

Eigenschaften:

- 12 Kanten, je 4 Kanten sind
  gleich lang
- 8 Ecken
- 6 rechteckige Flächen, die
  gegenüberliegenden Flächen sind
  gleich groß
- 4 gleich lange Raumdiagonalen
- 6 Paare von Flächendiagonalen

Volumen: $\qquad V = a \cdot b \cdot c$

Oberfläche:
$$A_O = 2 \cdot a \cdot b + 2 \cdot a \cdot c + 2 \cdot b \cdot c$$
$$A_O = 2 \cdot (a \cdot b + a \cdot c + b \cdot c)$$

Flächendiagonale:
$$f_{ac} = \sqrt{a^2 + c^2}, \quad f_{ab} = \sqrt{a^2 + b^2}$$
$$f_{bc} = \sqrt{b^2 + c^2}$$

Raumdiagonale:
$$d = \sqrt{a^2 + b^2 + c^2}$$

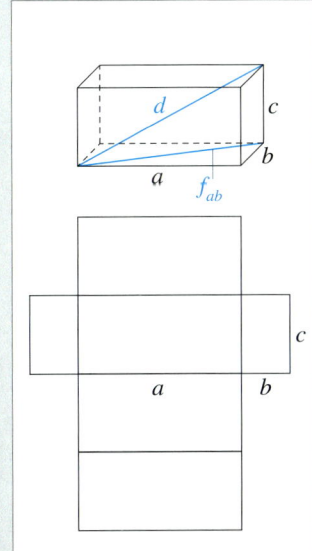

gegeben: $a = 4\,\text{cm};\ b = 2,5\,\text{cm}$
$$c = 2\,\text{cm}$$

Volumen: $V = a \cdot b \cdot c$
$$V = 4\,\text{cm} \cdot 2,5\,\text{cm} \cdot 2\,\text{cm}$$
$$V = 20\,\text{cm}^3$$

Oberfläche:
$$A_O = 2 \cdot (a \cdot b + a \cdot c + b \cdot c)$$
$$A_O = 2 \cdot (10\,\text{cm}^2 + 8\,\text{cm}^2 + 5\,\text{cm}^2)$$
$$A_O = 46\,\text{cm}^2$$

Flächendiagonale:
$$f_{ac} = \sqrt{a^2 + c^2}$$
$$f_{ac} = \sqrt{16\,\text{cm}^2 + 4\,\text{cm}^2} = \sqrt{20\,\text{cm}^2}$$
$$f_{ac} = 4,5\,\text{cm}$$

Raumdiagonale:
$$d = \sqrt{a^2 + b^2 + c^2}$$
$$d = \sqrt{16\,\text{cm}^2 + 6,25\,\text{cm}^2 + 4\,\text{cm}^2}$$
$$d = \sqrt{26,25\,\text{cm}^2}$$
$$d = 5,1\,\text{cm}$$

Prisma (Säule)

allgemeines Prisma

Eigenschaften:

- Prismen haben n-Ecke (Vielecke) als deckungsgleiche Grund- und Deckflächen.
- Die Benennung erfolgt nach der Anzahl n der Ecken von Grundfläche bzw. Deckfläche (z. B. dreiseitiges Prisma: $n = 3$).
- Die Mantelfläche besteht aus n Rechtecken.
- Die Körperhöhe h_K steht im rechten Winkel zur Grundfläche.

Volumen: $\quad V = A_{\text{Grund}} \cdot h_K$

Mantelfläche: $\; A_{\text{Mantel}} = u_{\text{Grund}} \cdot h_K$

Oberfläche: $A_O = 2 \cdot A_{\text{Grund}} + A_{\text{Mantel}}$

dreiseitiges Prisma

- Dreiseitige Prismen haben Dreiecke als deckungsgleiche Grund- und Deckflächen.
- Die Mantelfläche besteht aus 3 Rechtecken.

Volumen: $\quad V = \frac{1}{2} \cdot c \cdot h_c \cdot h_K$

Grundfläche: $\; A_{\text{Grund}} = \frac{1}{2} \cdot c \cdot h_c$

Mantelfläche:
$$A_{\text{Mantel}} = (a + b + c) \cdot h_K$$

Oberfläche:
$$A_O = c \cdot h_c + (a + b + c) \cdot h_K$$

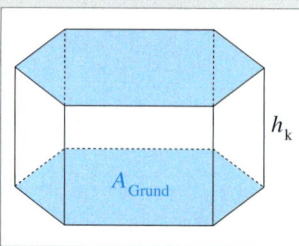

sechsseitiges Prisma
(stehend)

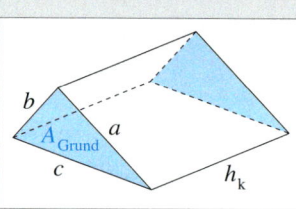

dreiseitiges Prisma (liegend)

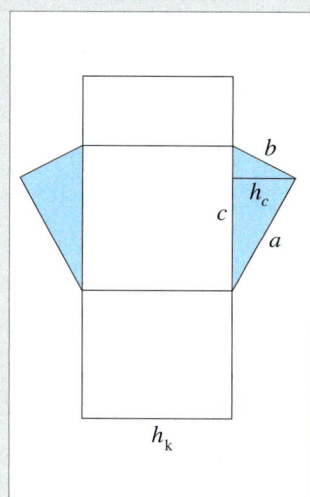

Berechnung von Oberfläche und Volumen im dreiseitigen Prisma

gegeben: $\quad a = 2\,\text{cm};$
$\qquad\qquad b = 3\,\text{cm};$
$\qquad\qquad c = 4\,\text{cm}$
$\qquad\qquad h_c = 1{,}5\,\text{cm};$
$\qquad\qquad h_K = 6\,\text{cm}$

1. Berechnung der Grundfläche:

$A_{\text{Grund}} = \frac{1}{2} \cdot c \cdot h_c$

$A_{\text{Grund}} = \frac{1}{2} \cdot 4\,\text{cm} \cdot 1{,}5\,\text{cm}$

$A_{\text{Grund}} = 3\,\text{cm}^2$

2. Berechnung der Mantelfläche:

$A_{\text{Mantel}} = (a + b + c) \cdot h_K$

$A_{\text{Mantel}} =$
$\quad (2\,\text{cm} + 3\,\text{cm} + 4\,\text{cm}) \cdot 6\,\text{cm}$

$A_{\text{Mantel}} = 9\,\text{cm} \cdot 6\,\text{cm}$

$A_{\text{Mantel}} = 54\,\text{cm}^2$

3. Berechnung der Oberfläche:

$A_O = 2 \cdot A_{\text{Grund}} + A_{\text{Mantel}}$

$A_O = 2 \cdot 3\,\text{cm}^2 + 54\,\text{cm}^2$

$A_O = 6\,\text{cm}^2 + 54\,\text{cm}^2$

$A_O = 60\,\text{cm}^2$

4. Berechnung des Volumens:

$V = \frac{1}{2} \cdot c \cdot h_c \cdot h_K$

$V = \frac{1}{2} \cdot 4\,\text{cm} \cdot 1{,}5\,\text{cm} \cdot 6\,\text{cm}$

$V = 18\,\text{cm}^3$

Zylinder

Eigenschaften:

- Grund- und Deckfläche bestehen aus zwei deckungsgleichen Kreisen.
- Die Mantelfläche ist ein Rechteck.
- Die Länge des Rechtecks entspricht dem Umfang des Kreises.
- Die Höhe des Rechtecks entspricht der Höhe des Zylinders.

Volumen:
$$V = A_{\text{Grund}} \cdot h_K$$
$$V = \pi \cdot r^2 \cdot h_K$$

Grundfläche: $A_{\text{Grund}} = \pi \cdot r^2$

Mantelfläche:
$$A_{\text{Mantel}} = u_{\text{Grund}} \cdot h_K$$
$$A_{\text{Mantel}} = \pi \cdot d \cdot h_K$$

Oberfläche: $A_O = 2 \cdot A_{\text{Grund}} + A_{\text{Mantel}}$

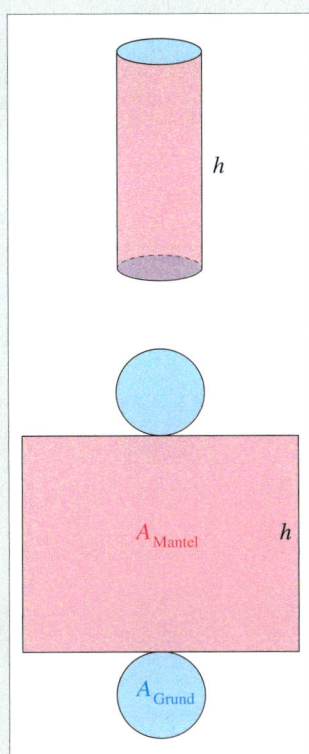

gegeben: $r = 1{,}9\,\text{cm}$
$h_K = 3\,\text{cm}$

1. Berechnung der Grundfläche:
$$A_{\text{Grund}} = \pi \cdot r^2$$
$$A_{\text{Grund}} = 3{,}14 \cdot (1{,}9\,\text{cm})^2$$
$$A_{\text{Grund}} = 11{,}3\,\text{cm}^2$$

2. Berechnung der Mantelfläche:
$$A_{\text{Mantel}} = \pi \cdot d \cdot h_K$$
$$A_{\text{Mantel}} = 3{,}14 \cdot 3{,}8\,\text{cm} \cdot 3\,\text{cm}$$
$$A_{\text{Mantel}} = 35{,}8\,\text{cm}^2$$

3. Berechnung der Oberfläche:
$$A_O = 2 \cdot A_{\text{Grund}} + A_{\text{Mantel}}$$
$$A_O = 2 \cdot 11{,}3\,\text{cm}^2 + 35{,}8\,\text{cm}^2$$
$$A_O = 58{,}4\,\text{cm}^2$$

4. Berechnung des Volumens:
$$V = \pi \cdot r^2 \cdot h_K$$
$$V = 3{,}14 \cdot (1{,}9\,\text{cm})^2 \cdot 3\,\text{cm}$$
$$V = 34{,}0\,\text{cm}^3$$

Hohlzylinder

Eigenschaften:

- Grund- und Deckfläche bestehen aus zwei deckungsgleichen Kreisringen.

Volumen:
$$V_{\text{Hohlzylinder}} = V_{\text{Zyl., groß}} - V_{\text{Zyl., klein}}$$
$$V_{\text{Hohlzylinder}} = A_{\text{Kreisring}} \cdot h_K$$

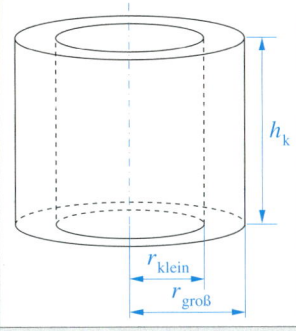

gegeben: $r_{\text{groß}} = 1{,}9\,\text{cm}$
$r_{\text{klein}} = 1{,}2\,\text{cm}$
$h_K = 3\,\text{cm}$

Berechnung des Volumens:
$$V_{\text{Zyl., groß}} = \pi \cdot r_{\text{groß}}^2 \cdot h_K$$
$$V_{\text{Zyl., groß}} = 3{,}14 \cdot (1{,}9\,\text{cm})^2 \cdot 3\,\text{cm}$$
$$V_{\text{Zyl., groß}} = 34{,}0\,\text{cm}^3$$

$$V_{\text{Zyl., klein}} = \pi \cdot r_{\text{klein}}^2 \cdot h_K$$
$$V_{\text{Zyl., klein}} = 3{,}14 \cdot (1{,}2\,\text{cm})^2 \cdot 3\,\text{cm}$$
$$V_{\text{Zyl., klein}} = 13{,}6\,\text{cm}^3$$

$$V_{\text{Hohlzylinder}} = V_{\text{Zyl., groß}} - V_{\text{Zyl., klein}}$$
$$V_{\text{Hohlzylinder}} = 34{,}0\,\text{cm}^3 - 13{,}6\,\text{cm}^3$$
$$V_{\text{Hohlzylinder}} = 20{,}4\,\text{cm}^3$$

Pyramide

allgemeine Pyramide

Eigenschaften:

- Pyramiden haben n-Ecke (Vielecke) als Grundfläche.
- Die Benennung erfolgt nach der Anzahl n der Ecken von Grundfläche bzw. Deckfläche (z. B. viereckige Pyramide).
- Die Mantelfläche besteht aus dreieckigen Seitenflächen.

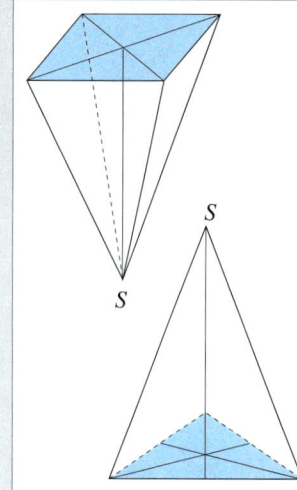

Volumen: $V = \frac{1}{3} \cdot A_{\text{Grund}} \cdot h_K$

Oberfläche: $A_O = A_{\text{Grund}} + A_{\text{Mantel}}$

rechteckige Pyramide

Volumen: $V = \frac{1}{3} \cdot a \cdot b \cdot h_K$

Grundfläche: $A_{\text{Grund}} = a \cdot b$

Seitenflächen: $A_1 = \frac{1}{2} \cdot a \cdot h_a$

$A_2 = \frac{1}{2} \cdot b \cdot h_b$

Höhen der Seitenflächen (mithilfe des Satzes von Pythagoras):

$$h_a = \sqrt{\left(\frac{b}{2}\right)^2 + h_K^2}$$

$$h_b = \sqrt{\left(\frac{a}{2}\right)^2 + h_K^2}$$

Mantelfläche:

$$A_{\text{Mantel}} = 2 \cdot A_1 + 2 \cdot A_2$$

Oberfläche:

$$A_O = A_{\text{Grund}} + A_{\text{Mantel}}$$

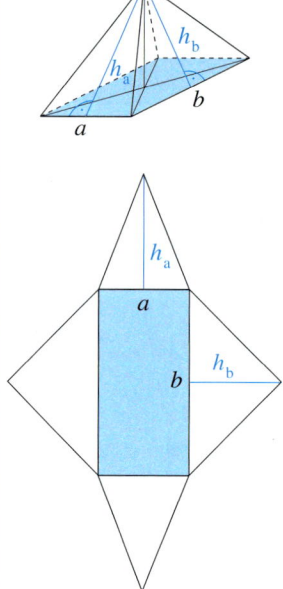

Oberfläche und Volumen einer rechteckigen Pyramide

gegeben: $a = 3{,}5 \, \text{cm}$
$b = 3{,}0 \, \text{cm}$
$h_K = 2{,}6 \, \text{cm}$

Berechnung von h_a und h_b:

$$h_a = \sqrt{\left(\frac{b}{2}\right)^2 + h_K^2}$$

$$h_a = \sqrt{(1{,}5 \, \text{cm})^2 + (2{,}6 \, \text{cm})^2}$$

$$h_a = 3{,}0 \, \text{cm}$$

$$h_b = \sqrt{\left(\frac{a}{2}\right)^2 + h_K^2}$$

$$h_b = \sqrt{(1{,}75 \, \text{cm})^2 + (2{,}6 \, \text{cm})^2}$$

$$h_b = 3{,}1 \, \text{cm}$$

Berechnung der Oberfläche:

$$A_1 = \frac{1}{2} \cdot a \cdot h_a$$

$$A_1 = \frac{1}{2} \cdot 3{,}5 \, \text{cm} \cdot 3{,}0 \, \text{cm}$$

$$A_1 = 5{,}25 \, \text{cm}^2$$

$$A_2 = \frac{1}{2} \cdot b \cdot h_b$$

$$A_2 = \frac{1}{2} \cdot 3{,}0 \, \text{cm} \cdot 3{,}1 \, \text{cm}$$

$$A_2 = 4{,}65 \, \text{cm}^2$$

$$A_{\text{Mantel}} = 2 \cdot A_1 + 2 \cdot A_2$$

$$A_{\text{Mantel}} = 2 \cdot 5{,}25 \, \text{cm}^2 + 2 \cdot 4{,}25 \, \text{cm}^2$$

$$A_{\text{Mantel}} = 19{,}8 \, \text{cm}^2$$

$$A_{\text{Grund}} = a \cdot b$$

$$A_{\text{Grund}} = 3{,}5 \, \text{cm} \cdot 3{,}0 \, \text{cm}$$

$$A_{\text{Grund}} = 10{,}5 \, \text{cm}^2$$

$$A_O = A_{\text{Grund}} + A_{\text{Mantel}}$$

$$A_O = 10{,}5 \, \text{cm}^2 + 19{,}8 \, \text{cm}^2$$

$$A_O = 30{,}3 \, \text{cm}^2$$

Berechnung des Volumens:

$$V = \frac{1}{3} \cdot a \cdot b \cdot h_K$$

$$V = \frac{1}{3} \cdot 3{,}5 \, \text{cm} \cdot 3{,}0 \, \text{cm} \cdot 2{,}6 \, \text{cm}$$

$$V = 9{,}1 \, \text{cm}^3$$

Konstruktion des Schrägbildes einer Pyramide

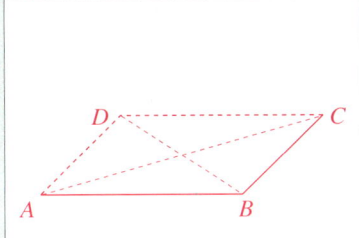 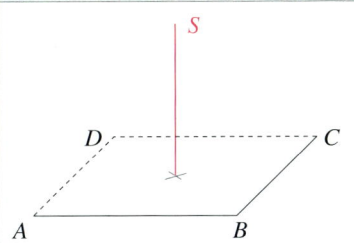 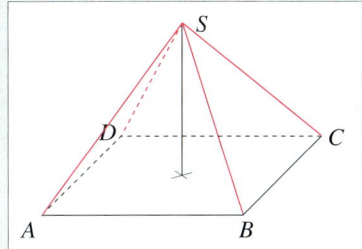

1. Zeichnen der Grundfläche in Kavalierperspektive (siehe S. 59) und Einzeichnen der Diagonalen.

2. Fällen des Lotes auf den Schnittpunkt der Diagonalen und Abtragen der Körperhöhe h_K.

3. Verbinden der Pyramidenspitze mit den Eckpunkten der Grundfläche.

Pyramidenstumpf

Eigenschaften:

- Ein Pyramidenstumpf entsteht, wenn von einer Pyramide parallel zur Grundfläche die Spitze abgeschnitten wird.
- Grund- und Deckfläche sind ähnliche n-Ecke (Vielecke).
- Die Mantelfläche besteht aus n Trapezen.

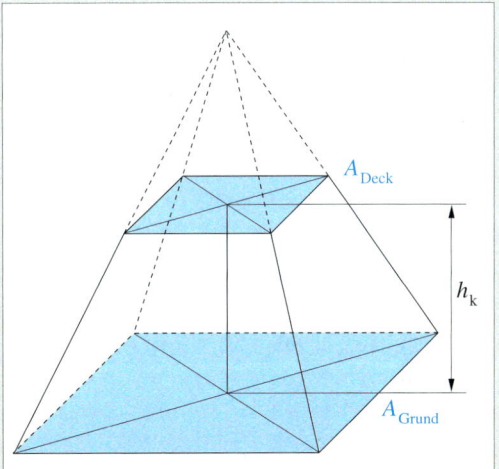

Volumen:

$$V = \frac{1}{3} \cdot h_K \cdot (A_{\text{Grund}} + \sqrt{A_{\text{Grund}} \cdot A_{\text{Deck}}} + A_{\text{Deck}})$$

Oberfläche:

$$A_O = A_{\text{Grund}} + A_{\text{Mantel}} + A_{\text{Deck}}$$

Berechnung der Oberfläche eines Pyramidenstumpfes

gegeben: $a = 5\,\text{cm}$ (Seitenlänge der quadratischen Grundfläche)
$b = 2\,\text{cm}$ (Seitenlänge der quadratischen Deckfläche)
$h_K = 4\,\text{cm}$
gesucht: A_O

$A_{\text{Grund}} = a^2 = 25\,\text{cm}^2$; $\qquad A_{\text{Deck}} = b^2 = 4\,\text{cm}^2$

$A_{\text{Mantel}} = 4 \cdot A_{\text{Trapez}}$; $\qquad A_{\text{Trapez}} = h_a \cdot \dfrac{a+b}{2}$

$$A_{\text{Trapez}} = \sqrt{\left(\frac{a}{2}\right)^2 + h_K^2} \cdot \frac{a+b}{2} = 4{,}72\,\text{cm} \cdot 3{,}5\,\text{cm} = 16{,}5\,\text{cm}^2$$

$A_{\text{Mantel}} = 4 \cdot 16{,}5\,\text{cm}^2 = 66\,\text{cm}^2$

$A_O = A_{\text{Grund}} + A_{\text{Deck}} + A_{\text{Mantel}} = 25\,\text{cm}^2 + 4\,\text{cm}^2 + 66\,\text{cm}^2$

$A_O = 95\,\text{cm}^2$

Kegel

Eigenschaften:

- Ein Kegel hat eine kreisförmige Grundfläche.
- Die Mantelfläche ist ein Kreisausschnitt.
- Befindet sich die Spitze senkrecht über dem Mittelpunkt der Grundfläche, handelt es sich um einen *geraden Kreiskegel*.

Volumen:
$$V = \frac{1}{3} \cdot A_{\text{Grund}} \cdot h_K$$
$$V = \frac{1}{3} \cdot \pi \cdot r^2 \cdot h_K$$

Oberfläche: $A_O = A_{\text{Grund}} + A_{\text{Mantel}}$
$$A_O = \pi \cdot r^2 + \pi \cdot r \cdot s$$

Berechnung der Seitenlinie s:
$$s = \sqrt{r^2 + h_K^2}$$

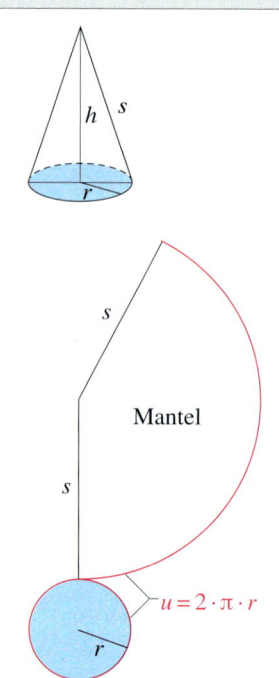

gegeben: $r = 2\,\text{cm}$
$h_K = 4,3\,\text{cm}$

Berechnung des Volumens:
$$V = \frac{1}{3} \cdot \pi \cdot r^2 \cdot h_K$$
$$V = \frac{1}{3} \cdot 3,14 \cdot (2\,\text{cm})^2 \cdot 4,3\,\text{cm}$$
$$V = 18\,\text{cm}^3$$

Berechnung von s:
$$s = \sqrt{r^2 + h_K^2}$$
$$s = \sqrt{(2\,\text{cm})^2 + (4,3\,\text{cm})^2}$$
$$s = \sqrt{4\,\text{cm}^2 + 18,49\,\text{cm}^2}$$
$$s = \sqrt{22,49\,\text{cm}^2}$$
$$s = 4,7\,\text{cm}$$

Berechnung der Oberfläche:
$$A_O = \pi \cdot r^2 + \pi \cdot r \cdot s$$
$$A_O = 3,14 \cdot 4\,\text{cm}^2 + 3,14 \cdot 2\,\text{cm} \cdot 4,7\,\text{cm}$$
$$A_O = 12,6\,\text{cm}^2 + 29,5\,\text{cm}^2$$
$$A_O = 42,1\,\text{cm}^2$$

Kegelstumpf

Eigenschaften:

- Ein Kegelstumpf entsteht, wenn von einem Kegel parallel zu seiner Grundfläche die Spitze abgeschnitten wird.
- Grund- und Deckfläche sind Kreisflächen mit unterschiedlichem Durchmesser.

Volumen:
$$V = \frac{1}{3} \cdot \pi \cdot h_K \cdot (r_1^2 + r_1 \cdot r_2 + r_2^2)$$

Mantelfläche: $A_{\text{Mantel}} = \pi \cdot s \cdot (r_1 + r_2)$

Oberfläche: $A_O = \pi \cdot r_1^2 + \pi \cdot r_2^2 + \pi \cdot s \cdot (r_1 + r_2)$

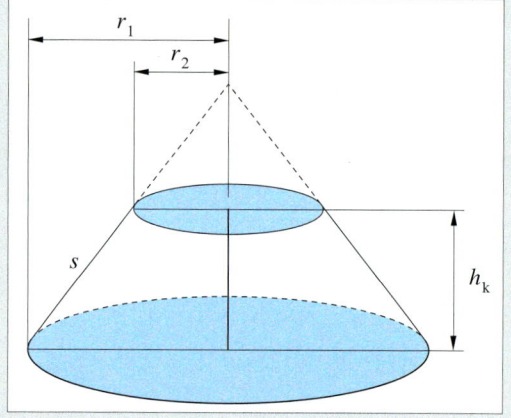

Berechnung des Volumens eines Kegelstumpfes

gegeben: $r_1 = 2,5\,\text{cm}$; $r_2 = 1,5\,\text{cm}$; $h_K = 3\,\text{cm}$

$$V = \frac{1}{3} \cdot \pi \cdot h_K \cdot (r_1^2 + r_1 \cdot r_2 + r_2^2)$$
$$V = \frac{1}{3} \cdot 3,14 \cdot 3\,\text{cm} \cdot (6,25\,\text{cm}^2 + 3,75\,\text{cm}^2 + 2,25\,\text{cm}^2)$$
$$V = 3,14\,\text{cm} \cdot 12,25\,\text{cm}^2 = 38,5\,\text{cm}^3$$

Kugel

Eigenschaften:

- Eine Kugel entsteht, wenn man einen Kreis um seinen Durchmesser als Achse rotieren lässt.
- Zur Kugeloberfläche gehören alle die Punkte, die vom Mittelpunkt M den Abstand r haben.
- Die Kugeloberfläche lässt sich nicht in die Ebene abwickeln.

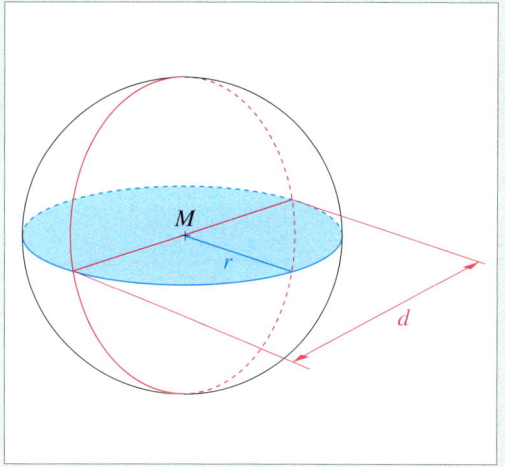

Volumen: $V = \frac{4}{3} \cdot \pi \cdot r^3$

$\qquad\quad V = \frac{1}{6} \cdot \pi \cdot d^3$

Oberfläche: $A_O = 4 \cdot \pi \cdot r^2$

$\qquad\qquad A_O = \pi \cdot d^2$

gegeben: $r = 2\,\text{cm}$	*Berechnung des Volumens:*	*Berechnung der Oberfläche:*
	$V = \frac{4}{3} \cdot \pi \cdot r^3$	$A_O = 4 \cdot \pi \cdot r^2$
	$V = \frac{4}{3} \cdot 3{,}14 \cdot (2\,\text{cm})^3$	$A_O = 4 \cdot 3{,}14 \cdot (2\,\text{cm})^2$
	$V = 33{,}5\,\text{cm}^3$	$A_O = 50{,}3\,\text{cm}^2$

Kugelabschnitt

Volumen: $V = \frac{1}{6} \cdot \pi \cdot h \cdot (3 \cdot \varrho^2 + h^2)$

Oberfläche: $A_O = 2 \cdot \pi \cdot r \cdot h + \varrho^2 \cdot \pi$

$\qquad\qquad \varrho = \sqrt{h \cdot (2 \cdot r - h)}$

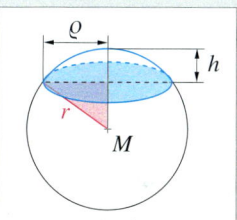

Kugelschicht

Volumen: $V = \frac{\pi \cdot h}{6} \cdot (3 \cdot \varrho_1^2 + 3 \cdot \varrho_2^2 + h^2)$

Oberfläche: $A_O = 2 \cdot \pi \cdot r \cdot h + \pi \cdot (\varrho_1^2 + \varrho_2^2)$

$\qquad\qquad \varrho_1^2 = r^2 - h_1^2$

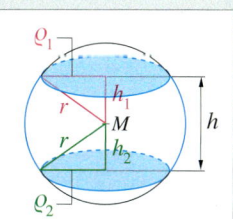

Kugelausschnitt (Kugelsektor)

Volumen: $V = \frac{2 \cdot \pi}{3} \cdot r^2 \cdot h$

Oberfläche: $A_O = \pi \cdot \varrho \cdot r + 2 \cdot \pi \cdot r \cdot h$

$\qquad\qquad \varrho = \sqrt{h \cdot (2 \cdot r - h)}$

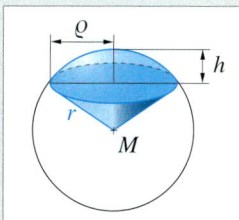

Zusammengesetzte Körper

Eigenschaften:

- Aus geometrischen Grund-körpern (Quadern, Zylindern, Prismen, usw.) lassen sich kompliziertere zusammen-gesetzte Körper bilden.
- Zur Berechnung des Volumens wird das Volumen jedes Grund-körpers berechnet und anschlie-ßend die Summe aller Teil-volumina gebildet.

$$V_{\text{Gesamt}} = V_1 + V_2 + V_3 + \dots$$

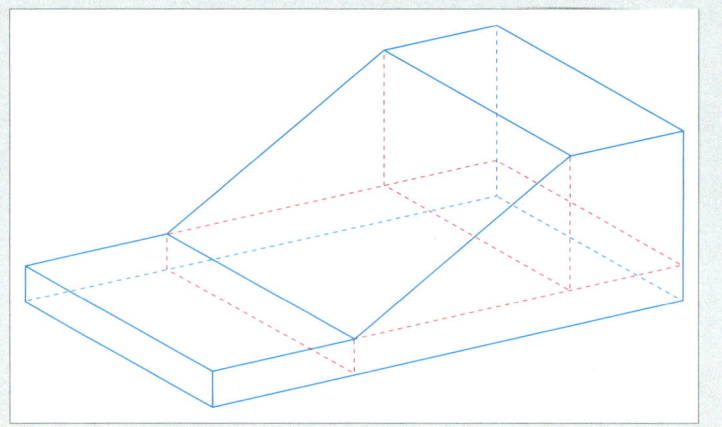

Oberfläche und Volumen eines zusammengesetzten Körpers

gegeben: $a = 2\,\text{cm}$
$h_K = 1{,}5\,\text{cm}$

Volumen:

$$V_{\text{Würfel}} = a^3 \qquad\qquad V_{\text{Pyramide}} = \frac{1}{3} \cdot a \cdot a \cdot h_K$$

$$V_{\text{Würfel}} = (2\,\text{cm})^3 \qquad\quad V_{\text{Pyramide}} = \frac{1}{3} \cdot (2\,\text{cm})^2 \cdot 1{,}5\,\text{cm}$$

$$V_{\text{Würfel}} = 8\,\text{cm}^3 \qquad\qquad V_{\text{Pyramide}} = 2\,\text{cm}^3$$

$$V_{\text{Gesamt}} = V_{\text{Würfel}} + V_{\text{Pyramide}}$$

$$V_{\text{Gesamt}} = 8\,\text{cm}^3 + 2\,\text{cm}^3$$

$$V_{\text{Gesamt}} = 10\,\text{cm}^3$$

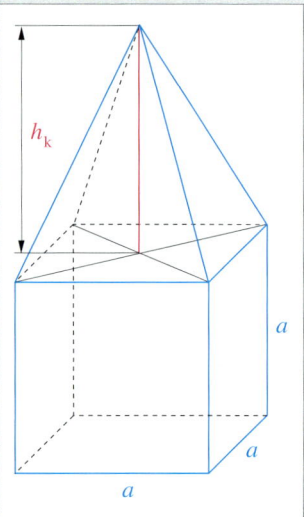

Oberfläche:

$$A_{\text{Würfel}} = 6 \cdot a^2 \qquad\qquad h_a = \sqrt{h_k^2 + \left(\frac{1}{2} \cdot a\right)^2}$$

$$A_{\text{Würfel}} = 6 \cdot (2\,\text{cm})^2 \qquad\quad h_a = \sqrt{(1{,}5\,\text{cm})^2 + \left(\frac{1}{2} \cdot 2\,\text{cm}\right)^2}$$

$$A_{\text{Würfel}} = 24\,\text{cm}^2 \qquad\qquad h_a = 1{,}8\,\text{cm}$$

$$A_{\text{Dreieck}} = \frac{1}{2} \cdot a \cdot h_a \qquad\qquad A_{\text{Mantel}} = 4 \cdot A_{\text{Dreieck}}$$

$$A_{\text{Dreieck}} = \frac{1}{2} \cdot 2\,\text{cm} \cdot 1{,}8\,\text{cm} \qquad A_{\text{Mantel}} = 4 \cdot 1{,}8\,\text{cm}^2$$

$$A_{\text{Dreieck}} = 1{,}8\,\text{cm}^2 \qquad\qquad A_{\text{Mantel}} = 7{,}2\,\text{cm}^2$$

$$A_{\text{Gesamt}} = A_{\text{Mantel}} + A_{\text{Würfel}} - \text{Deckfläche}_{\text{Würfel}}$$

$$A_{\text{Gesamt}} = A_{\text{Mantel}} + A_{\text{Würfel}} - a^2$$

$$A_{\text{Gesamt}} = 7{,}2\,\text{cm}^2 + 24\,\text{cm}^2 - 4\,\text{cm}^2$$

$$A_{\text{Gesamt}} = 27{,}2\,\text{cm}^2$$

Chance und Risiko

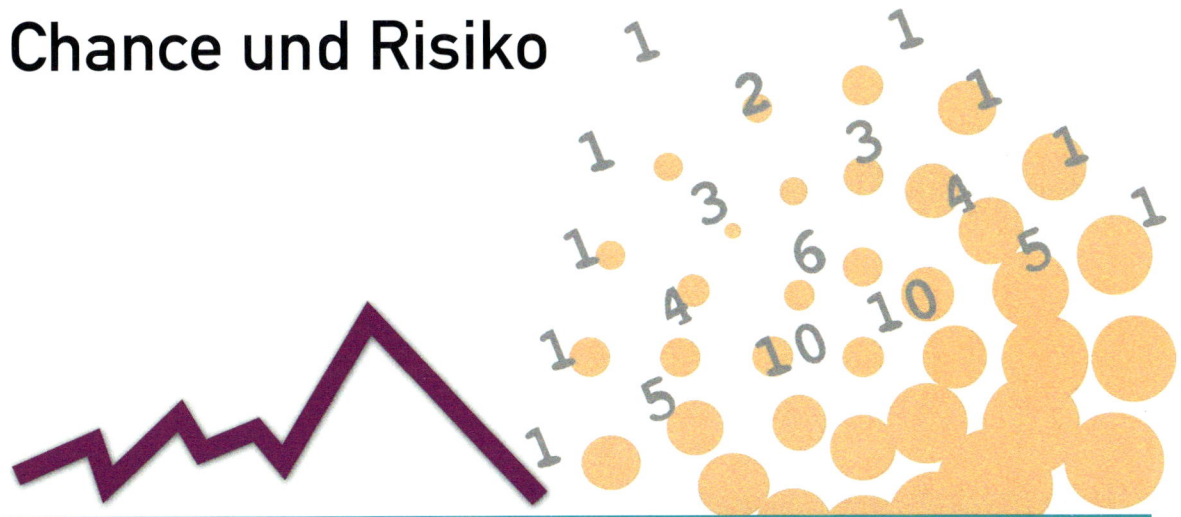

Diagramme

Piktogramm
Mit Piktogrammen werden absolute Häufigkeiten und Größen dargestellt. Jedem Symbol entspricht eine bestimmte Anzahl bzw. Größe.

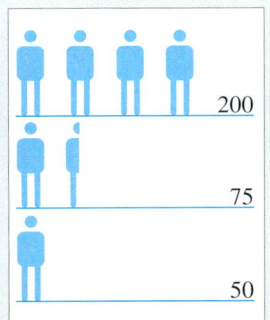

Balkendiagramm, Säulendiagramm
Mit Balken- oder Säulendiagrammen können Rangfolgen oder zeitliche Entwicklungen von absoluten Häufigkeiten (siehe S. 70) dargestellt werden.

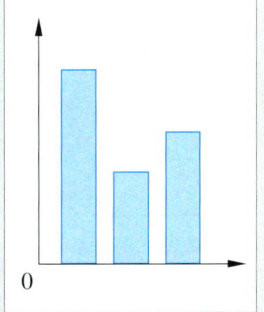

Strichdiagramm
Strichdiagramme können wie Balkendiagramme eingesetzt werden. Die Wahl der Achsen kann dabei von Balkendiagrammen abweichen.

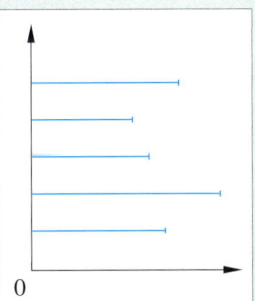

Liniendiagramm
Liniendiagramme eignen sich für die Darstellung von proportionalen und linearen Zusammenhängen. Mit Liniendiagrammen können verschiedene Datenreihen gruppiert werden.

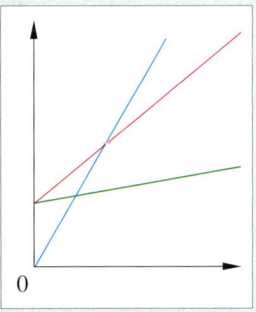

Streifendiagramm
Mit Streifendiagrammen werden Anteile an einem Ganzen dargestellt. Die gesamte Länge des Streifens entspricht 100%.

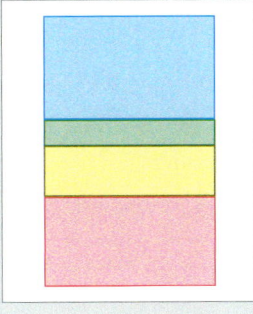

Kreisdiagramm, Tortendiagramm
Mit Kreisdiagrammen werden Anteile an einem Ganzen dargestellt. Der Vollwinkel (360°) entspricht 100%. 1% entspricht 3,6°.

Grundbegriffe der Stochastik

Die Stochastik ist ein Teilgebiet der Mathematik, das sich mit der Erfassung, Darstellung und Auswertung statistischer Daten beschäftigt.

Zufallsversuch, Zufallsexperiment, Stichprobe
 	
Ein Zufallsversuch ist ein Vorgang mit zufälligem Ergebnis. Der Versuch besitzt mindestens zwei mögliche Ergebnisse, von denen bei jeder Durchführung genau eines erzielt wird. Mögliche Ergebnisse sind $x_1; x_2; x_3; \dots ; x_r$.
	Werfen einer Münze
	   Ergebnisse: Kopf, Zahl
	
	Würfeln mit einem Würfel
	   Ergebnisse: Augenzahl

Ergebnismenge Ω, Ergebnisraum Die Ergebnismenge Ω ist die Menge aller möglichen Ergebnisse, die zu einem Vorgang mit zufälligem Ergebnis gehören. $$\Omega = \{x_1, x_2, x_3, \dots , x_r\}$$	*Münzwurf:* $\Omega = \{\text{Kopf}; \text{Zahl}\}$ *Würfeln:* $\Omega = \{1; 2; 3; 4; 5; 6\}$ *Lotto „6 aus 49":* Ω besteht aus allen möglichen Teilmengen von je 6 Zahlen, die aus den Zahlen 1 bis 49 ausgewählt werden können. Zur Ergebnismenge Ω gehören hier ca. 14 Millionen Ergebnisse.
Ereignis A Jede Teilmenge A von Ω heißt ein zu diesem Zufallsversuch gehörendes Ereignis ($A \subseteq \Omega$). Das Ereignis A tritt ein, wenn der Zufallsversuch mit einem Ergebnis aus dem Ereignis A endet.	Würfeln einer geraden Augenzahl $$A = \{2; 4; 6\}$$
Sicheres Ereignis Das Ereignis tritt bei jeder Durchführung des Versuches ein.	Es wird auf jeden Fall eine Augenzahl n gewürfelt, für die gilt: n ist eine ganze Zahl, $0 < n < 7$
Unmögliches Ereignis Ein Ereignis heißt unmöglich, wenn es niemals eintreten kann.	Es kann keine Augenzahl n gewürfelt werden, für die gilt: $n = 0; n > 6$
Gegenereignis $\overline{A}$ Zu jedem Ereignis A gibt es ein Gegenereignis $\overline{A}$, zu dem alle diejenigen Ergebnisse gehören, die nicht zu A gehören. $\overline{A}$ tritt genau dann ein, wenn A nicht eintritt.	Beispiel für ein Ereignis beim Würfeln: Es fällt eine gerade Zahl. $A = \{2; 4; 6\}$ Das *Gegenereignis* ist dann das Fallen einer ungeraden Zahl. $\overline{A} = \{1; 3; 5\}$
Absolute Häufigkeit $H_n(x_i)$ eines Ergebnisses x_i Die absolute Häufigkeit eines Ergebnisses bei einem Zufallsversuch gibt an, wie oft ein bestimmtes Ergebnis x_i bei n Versuchsdurchführungen auftritt.	100 Würfe mit einem Würfel ($n = 100$):

Ergebnis x_i	1	2	3	4	5	6
absolute Häufigkeit H_n	17	16	18	17	17	15

Relative Häufigkeit $h_n(x_i)$ eines Ergebnisses x_i

Die relative Häufigkeit ist der Quotient aus absoluter Häufigkeit H_n des Ergebnisses und der Anzahl n der Versuchsdurchführungen:

$$h_n(x_i) = \frac{H_n(x_i)}{n}$$

Für die Augenzahl 6 ergibt sich (siehe Beispiel S. 70 unten):

$$h_n(6) = \frac{15}{100} = 0{,}15 = 15\,\%$$

Bei 15 % aller Würfe wurde eine 6 gewürfelt.

Relative Häufigkeit $h_n(A)$ eines Ereignisses A

Quotient aus der Anzahl k des Eintretens eines Ereignisses A und der Anzahl n der Versuchsdurchführungen:

$$h_n(A) = \frac{k}{n}$$

Die relative Häufigkeit eines Ereignisses ist gleich der Summe der relativen Häufigkeiten der einzelnen Ergebnisse aus A.

Für das Würfeln einer geraden Augenzahl ($k = 48$) ergibt sich:

$$h_n(A) = \frac{48}{100} = 0{,}48 = 48\,\%$$

$$h_n(A) = h_n(2) + h_n(4) + h_n(6)$$

$$h_n(A) = 16\,\% + 17\,\% + 15\,\% = 48\,\%$$

Wahrscheinlichkeit $P(A)$

Wird der Zufallsversuch sehr oft durchgeführt, so nähern sich die Werte der relativen Häufigkeiten für die einzelnen Ergebnisse einem stabilen Wert $P(A)$, der Wahrscheinlichkeit von A. Es gilt immer: $0 < P(A) < 1$.

Wahrscheinlichkeit des sicheren Ereignisses: $\qquad P(\Omega) = 1$

Wahrscheinlichkeit des unmöglichen Ereignisses: $\quad P(0) = 0$

Wahrscheinlichkeit des Gegenereignisses: $\qquad P(\overline{A}) = 1 - P(A)$

Wahrscheinlichkeit eines Ereignisses A, für das die Ergebnisse $a_1, a_2, \ldots a_k$ günstig sind:
$$P(A) = P(a_1) + P(a_2) + \ldots + P(a_k)$$

Wahrscheinlichkeit der Geburt eines Mädchens nach n registrierten Geburten in einer Stadt:

n	1000	2000	3000	4000	5000
$h_n(M)$	0,527	0,489	0,510	0,505	0,504

Die Tabelle gibt die relative Häufigkeit für die Geburt eines Mädchens bei wachsendem n an.
P (Mädchengeburt) $\approx 0{,}5$

Laplace-Wahrscheinlichkeit
Sind alle Ergebnisse eines Zufallsversuches gleichwahrscheinlich, so gilt:

$$P(A) = \frac{\text{Anzahl der für A günstigen Ergebnisse}}{\text{Anzahl der möglichen Ergebnisse}}$$

Würfeln einer geraden Augenzahl (A: Eintreten der Ergebnisse 2, 4 oder 6)

$$P(A) = \frac{3}{6} = 0{,}5 = 50\,\%$$

Bei 50 % der Würfe erhält man eine gerade Augenzahl.

Statistische Kenngrößen

Arithmetisches Mittel x (Mittelwert, Durchschnitt) $$\overline{x} = \frac{\text{Summe aller Werte}}{\text{Anzahl der Werte}}$$ $$\overline{x} = \frac{x_1 + x_2 + \dots + x_n}{n}$$	Im Verlauf einer Woche wurde jeweils zur gleichen Uhrzeit die Außentemperatur gemessen:

Tag	1	2	3	4	5	6	7
T in °C	17	21	19	17	15	14	8

$$\overline{x} = \frac{17 + 21 + 19 + 17 + 15 + 14 + 8}{7}$$
$$\overline{x} = 15{,}9\,°C$$
$$\overline{x} \approx 16\,°C$$

Zentralwert z (Median) Ordnet man die Daten einer Messreihe der Größe nach, so ist der Wert in der Mitte der Zentralwert. Bei einer geraden Anzahl von Werten wird aus den beiden in der Mitte stehenden Werten das arithmetische Mittel gebildet.	8, 14, 15, **17**, 17, 19, 21 $z = 17\,°C$
Modalwert m Der Modalwert ist der am häufigsten beobachtete Wert. Es kann in einer Messreihe mehrere Modalwerte geben.	**17**, 21, 19, **17**, 15, 14, 8 $m = 17\,°C$
Spannweite d (Schwankungsbreite) Die Spannweite ist die Differenz zwischen dem größten und dem kleinsten Wert der Messreihe. $$d = x_{\max} - x_{\min}$$	17, **21**, 19, 17, 15, 14, **8** $x_{\max} = 21\,°C$ $x_{\min} = 8\,°C$ $d = 21 - 8 = 13$
Mittlere Abweichung a Die mittlere Abweichung ist der Quotient aus der Summe aller absoluten Streuungswerte (Betrag der Differenz zwischen Ergebnis und Mittelwert) und der Anzahl der Ergebnisse. $$a = \frac{|x_1 - \overline{x}| + |x_2 - \overline{x}| + \dots + |x_n - \overline{x}|}{n}$$	$a = \frac{|17 - 16|}{7} + \frac{|21 - 16|}{7} + \frac{|19 - 16|}{7} + \frac{|17 - 16|}{7}$ $\quad + \frac{|15 - 16|}{7} + \frac{|14 - 16|}{7} + \frac{|8 - 16|}{7}$ $a = \frac{1 + 5 + 3 + 1 + 1 + 2 + 8}{7}$ $a = \frac{21}{7}$ $a = 3$

Varianz s^2 (mittlere quadratische Abweichung)	siehe Beispiel S. 72
Die Varianz ist der Durchschnitt der quadrierten Abweichungen aller einzelnen Ergebnisse (Messwerte) vom Mittelwert. Die Varianz ist ein Maß für die Streuung der Beobachtungswerte (Messwerte) um den Mittelwert x. $$s^2 = \frac{(x_1 - \overline{x})^2 + (x_2 - \overline{x})^2 + \ldots + (x_n - \overline{x})^2}{n}$$	$$s^2 = \frac{1 + 25 + 9 + 1 + 1 + 4 + 64}{7}$$ $$s^2 = 15$$
Standardabweichung s	$s = \sqrt{15}$
Die Standardabweichung ist ein Streungsmaß. Man erhält sie, indem die Wurzel aus der Varianz gebildet wird. Die Einheit der Standardabweichung stimmt mit der Einheit des Mittelwertes der Messergebnisse überein. $$s = \sqrt{s^2}$$	$s = 3{,}9\,°\mathrm{C}$

Mehrstufige Zufallsversuche

Mehrstufige Zufallsversuche	*Beispiel:*
Besteht ein Zufallsversuch aus mehreren Teilversuchen, so heißt er mehrstufig.	Ziehen von 2 Kugeln ohne Zurücklegen aus einer Urne, in der sich vier farbige Kugeln befinden.
Baumdiagramme Mit Baumdiagrammen können Ergebnisse von Zufallsversuchen übersichtlich dargestellt werden. Für jeden Teilvorgang verzweigt sich das Diagramm in so viele Äste, wie es Ergebnisse für diesen Teilvorgang gibt Jeder Pfad in einem Baumdiagramm entspricht einem Ergebnis.	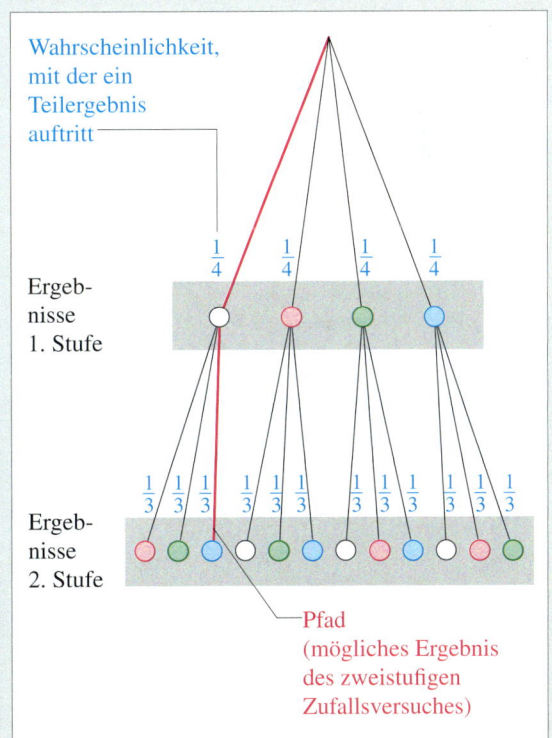

1. Pfadregel (Produktregel)

Die Wahrscheinlichkeit eines Ereignisses ist gleich dem Produkt der Wahrscheinlichkeiten entlang des Pfades im Baumdiagramm.

Die Wahrscheinlichkeit für das Eintreten des rot gezeichneten Pfades ist:

$$P = \frac{1}{n} \cdot \frac{1}{q}$$

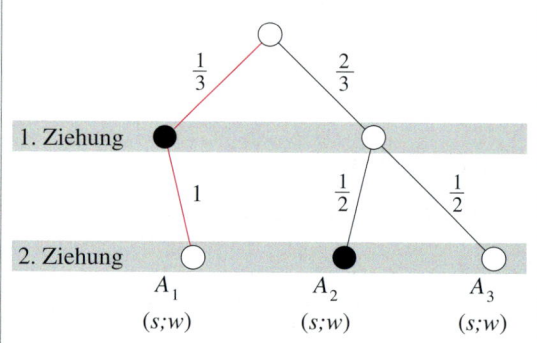

2. Pfadregel (Summenregel)

Die Wahrscheinlichkeit eines Ergebnisses ist gleich der Summe der Wahrscheinlichkeiten aller der Pfade, bei denen das Ergebnis eintritt.

Das Ereignis, für das die Pfade 0AD und 0BE (vgl. Abb. oben) günstig sind, hat die Wahrscheinlichkeit

$$P = \frac{1}{n} \cdot \frac{1}{q} + \frac{1}{m} \cdot \frac{1}{s}$$

Ziehen von zwei Kugeln ohne Zurücklegen aus einer Urne, in der der sich zwei weiße Kugeln und eine schwarze Kugel befinden:

Die Wahrscheinlichkeit, dass eine weiße und eine schwarze Kugel gezogen wird (Ereignisse A_1 und A_2) beträgt:

$$P(A_1, A_2) = \frac{1}{3} \cdot 1 + \frac{2}{3} \cdot \frac{1}{2} = \frac{2}{3}$$

Kombinatorik

Anzahl der Anordnungen einer Menge aus n Elementen (Permutationen)

Es gibt $n!$ Möglichkeiten, n verschiedene Elemente einer Menge anzuordnen.
($n!$ wird gesprochen als n-Fakultät)

$$n! = 1 \cdot 2 \cdot 3 \cdot \ldots \cdot n$$

(Es gilt: $0! = 1$)

Wie viele verschiedene Möglichkeiten gibt es, die 4 Buchstaben a, b, c und d anzuordnen?

$n = 4$
$n! = 1 \cdot 2 \cdot 3 \cdot 4 = 24$

Die 24 Möglichkeiten sind:

abcd, abdc, acbd, acdb, adbc, adcb, bacd, badc, bcad, bcda, bdac, bdca, cabd, cadb, cbad, cbda, cdab, cdba, dabc, dacb, dbac, dbca, dcab, dcba

Statistik mit Tabellenkalkulation

Grundlagen einer Tabellenkalkulation

Aufbau eines Tabellen-blattes

Eine Tabellenkalkulation besteht aus Tabellenblättern bzw. Arbeitsblättern.
Ein Tabellenblatt ist in Zellen unterteilt, in die Zahlen oder Text eingegeben werden können.
In der Befehlszeile wird immer der Inhalt der gerade aktivierten Zelle angezeigt.

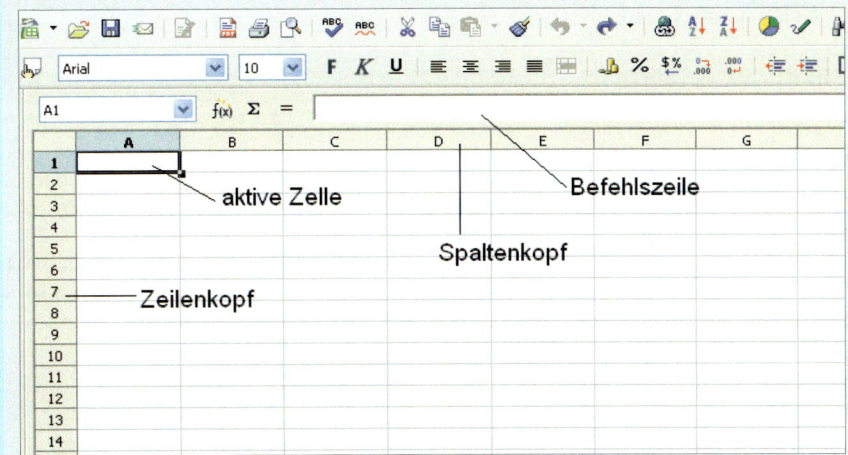

Eingabe von Zahlen

Ist eine Zelle aktiviert, können Zahlen eingegeben werden. Dabei ist zu beachten, dass numerische Werte keine Leerzeichen enthalten dürfen.
Für negative Zahlen gibt man ein vorangestelltes Minuszeichen ein. Für Dezimalzahlen wird das Komma verwendet.

Sind die Zahlen für die eingestellte Spaltenbreite zu lang, werden sie durch Ersatzzeichen dargestellt (Bild a). Der gespeicherte Zahlenwert ist dahinter „versteckt".

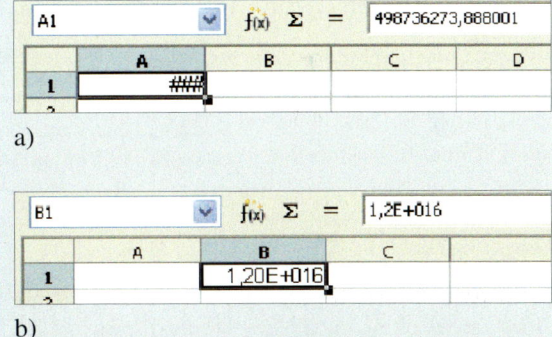

a)

Sehr große Zahlen werden automatisch in die Exponentialschreibweise umgewandelt (Bild b). Dabei gilt:
$1{,}20\,E + 016 = 1{,}2 \cdot 10^{16} = 12\,000\,000\,000\,000\,000$

b)

Berechnungen

Mit den eingegebenen Zahlen lassen sich vielfältige Berechnungen durchführen. Häufig sind Summen zu berechnen. Gibt man in eine aktivierte Zelle bzw. in die Befehlszeile ein:
=SUMME(B4:B7), dann werden die Zahlenwerte der Zellen B4 bis B7 addiert und die Summe wird in der aktivierten Zelle ausgegeben.

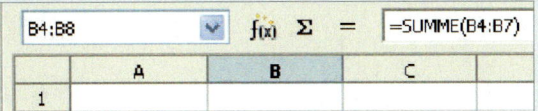

Für viele weitere Berechnungen wie z. B. »Mittelwert« lässt sich der Formelassistent einsetzen.

Statistische Berechnungen

Wie lassen sich Tabellenkalkulationsprogramme für statistische Auswertungen nutzen?
Hier werden typische Tätigkeiten vorgestellt.
Als Beispiel dienen Angaben über die Einwohnerdichte einiger Großstädte.

Eingeben von Daten

Texte und Zahlen werden immer zellenweise eingegeben. Dazu muss zunächst die Zelle aktiviert werden. Der Inhalt einer aktivierten Zelle wird immer in der Bearbeitungszeile angezeigt.

Texte und Zahlen können nach der Eingabe formatiert werden (Schriftart, Schriftgröße, Farben, Zahlenformat, usw.).

	A	B
	Stadt	Einwohner je Quadratkilometer
1		
2	Berlin	3799
3	Bielefeld	1272
4	Frankfurt/Main	2604
5	Hamburg	2297
6	Leipzig	1675
7	München	4024

Sortieren der Daten

Die eingegebenen Daten können nach verschiedenen Kriterien sortiert werden. In diesem Beispiel sollen die Städte nach der Größe der Einwohnerzahl je km^2 sortiert werden. Dazu markiert man eine Zelle in der Zahlenspalte und wählt in der Menüzeile »*Daten, Sortieren …*« und »*absteigend*«.
Texte können auf diese Weise auch alphabetisch sortiert werden.

	A	B
	Stadt	Einwohner je Quadratkilometer
1		
2	München	4024
3	Berlin	3799
4	Frankfurt/Main	2604
5	Hamburg	2297
6	Leipzig	1675
7	Bielefeld	1272

Berechnen von statistischen Kenngrößen

Viele statistische Funktionen wie Mittelwert oder Median können automatisch berechnet werden. Hierfür markiert man die erforderlichen Zellen und nutzt »*Funktionen einfügen*«.

9	Mittelwert (gerundet)	2612
10	Median (gerundet)	2451
11	Spannweite	2752

Erstellen von Diagrammen

Nach dem Markieren eines Tabellenbereiches kann ein Diagramm erstellt werden. Hier wurden Städtenamen und Zahlenangaben markiert. Dann können mit »*Einfügen*« und »*Diagramme*« mithilfe des Diagramm-Assistenten alle Einstellungen vorgenommen werden.

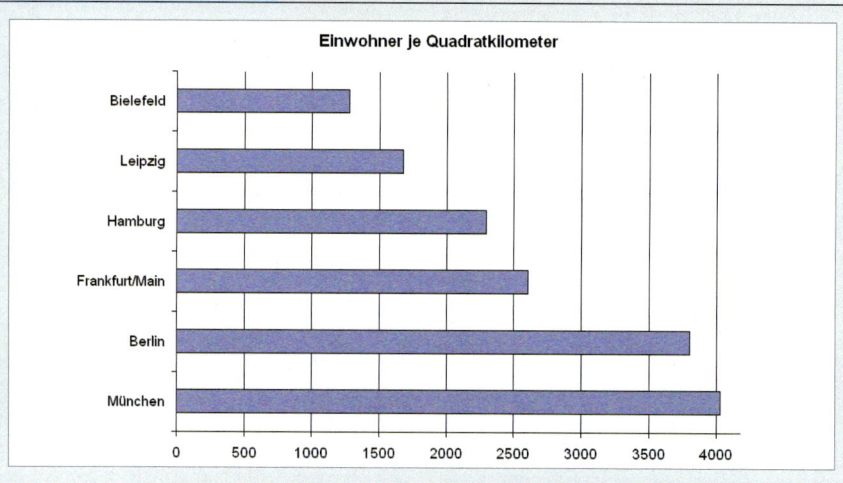

Register